大川式植物検索入門

植物の特徴を見分ける本

大川ち津る著

恒星社厚生閣

植物の特徴のことを、生物学の専門用語で形質（character）といいます。大川式の形質を学ぶと、次のようなことができます。形質を見ながら植物図鑑やインターネットで植物の名前を検索したり、植物の科を予想したり……。それは、大川式が植物のたくさんの形質の中から、植物の知識のない人でもわかりやすい形質を選んで、整理してあるからです。

したがって本書は、植物を見ながら形質を選び、植物図鑑などを使って名前を調べるときに役立ちます。

大川式の形質を知っていれば、名前を知りたい植物のどんな写真を撮ったらよいかも、わかります。花のアップだけでなく、葉・茎・花のそれぞれの形質がわかるように撮っておけばよいからです。さらに、形質を電話などで伝え、植物に詳しい人に意見を聞くこともできます。

このように、大川式の形質は植物の名前を知りたい人にとって、とても便利なものです。本書では、植物の名前を調べる方法である「大川式植物検索法」に用いる形質について、詳しく解説します。

はじめに

　私が植物に関心を持つようになったのは昭和 13 年（1938)、府立第五高等女学校（現在の都立富士高校）1 年生のときです。生物の授業で校庭を周り、植物の名前を教わりました。教えてくださったのは東京女子高等師範学校（略称東京女高師、現お茶の水女子大学）出身の大高千代先生。それ以来、私は生物の勉強が好きになり、東京女高師の理科、生物専攻に進みました。そして、昭和 22 年（1947）には、都立鷺宮高校（中野区）の教師になりました。ひとりの指導者の影響を強く受けて進む道が決まったわけです。

　昭和 26 年（1951)、高校に在職して 4 年目。25 歳になった私は、9 月初旬に国立科学博物館主催の植物観察会に初めて参加して、山梨県の三ツ峠（1785m）に登りました。この山は 3 つのピークを持つので三ツ峠と呼ばれます。山頂付近の大草原の果てしなく続くお花畑の美しさ……フジアザミの赤紫花、マツムシソウの薄紫花、カイフウロの薄赤花、キヌタソウの白花などは、完全に私を魅了しました。それ以来、植物といっそう深く関わる生活が始まったのです。

私はこれをきっかけに、以後30余年、科学博物館の観察会には欠かさず参加しました。三ツ峠をはじめとして観察会の指導者は、植物研究部の奥山春季先生。聞いた名前を忘れずにいられたのは、植物の名前を形質（特徴：character）と一緒に覚えたからです。また、植物の名前を聞くとその植物の環境がはっきり浮かぶくらい、頭の中に環境をしっかり刻み込んだからでしょう。それでも、人の記憶の働きには限界があります。そこで「ノートにしまっておけばさらに安心」というわけで、小さいノートに紐を通して常に持ち歩き、フル活用しました。記録することで観察力がいっそう養われ、また、記憶も確実なものとなります。

昭和58年（1983）、多摩川是政《これまさ》橋～関戸橋で植物検索カードを用いた実習をする鷺宮高校の生徒たち

名前がわかった植物とは、すぐ親しい友達になりました。人間同士の場合と同じです。植物の名前を知れば知るほど、道ばたにも、林の中にも、川原にも、海辺にも、山の頂にも友達がいっぱい。「自然というのはほんとうに豊かで楽しいもの」という思いが深まって行きました。

そのうちに、こういう思いを生徒と分かち合いたいという願いを抱くようになりました。その願いをかなえるために生物部の夏合宿を始めたのは、昭和33年（1958）でした。山梨県と長野県にまたがる八ヶ岳を皮切りに、秩父・金峰《きんぷ》山、群馬県・野反《のぞり》湖、長野県・菅平《すがだいら》と戸《と》隠《がくし》山、新潟県・苗場《なえば》山と妙《みょう》高《こう》山などなど、部員らとよく歩きました。それらの山のうち、八ヶ岳、菅平、戸隠は、科学博物館の観察会で歩いた後、「今度は生物部員と一緒に」という願いをかなえた山でした。

「植物の名前を生徒が自分達で調べられたら、どんなに素晴らしいことか」。生徒と一緒に歩くうちに、そういう思いが私の心の中に芽生えていきました。自然のなりゆきと言ってよいでしょうか。このような背景の基に、植物に興味があるけれどあまり植物に詳しくない人でも、植物の名前を調べることができるように、半世紀余の経験を基に新たに「大川式植物検索法」を開発しました。本書は検索の基礎になる大川式の「形質」について学ぶ本です。

本書が植物検索（名前調べ）を授業に取り入れようと志す教師、課外活動でも植物検索をやってみようという生徒・学生たち、自然観察に情熱を注ぐ指導者や参加者、余暇を植物の栽培、スケッチ、写真など、植物と共に過ごそうとする方々のために、「植物の名前を知る」ための入門書としていささかでも役に立てば幸いに思います。

本書を読んで、植物との接し方、自然との接し方、人との接し方を改めて顧みるきっかけとなり、さらには地球を愛する気持ち、地球の平和を願う気持ちを育んで頂けるようになれば、これ以上の喜びはありません。

大川ち津る

もくじ

大川式形質の観察方法

全国でよく見られる植物

植物検索ワークショップマニュアル

付録

引用、参考文献

本書を書くに当たって、引用、参考にさせていただきました。

北村四郎、小山鐵夫、堀　勝、村田　源：「原色日本植物図鑑　草本編[Ⅰ]、[Ⅱ]、[Ⅲ]」(1967)、「木本編[Ⅰ]、[Ⅱ]」(1979)、保育社

大井次三郎：「改訂増補新版　日本植物誌　顕花篇」(1975)、至文堂

長田武正：「原色日本帰化植物図鑑」(1986)、保育社

牧野富太郎：「改訂増補牧野新日本植物図鑑」(1989)、北隆館

大井次三郎、北村四郎、佐竹義輔、冨成忠夫、原　寛、亘理俊次　編：「日本の野生植物　草本Ⅰ、Ⅱ、Ⅲ」(1994)、「木本Ⅰ、Ⅱ」(1995)、平凡社

財団法人科学教育研究会　編：「子どものための自然観察マニュアル：指導者用」(2000)、財団法人科学教育研究会

森広信子：「自然観察安全ハンドブック：自然に学び、遊ぶために」(2005)、財団法人科学教育研究会

本書の使い方

本書は「大川式植物検索法」の形質を学ぶものです。本書を使って直接様々な植物が検索できるものではありません。

この本には全国でよく見られる草 16 種と、木 14 種を掲載してあります。それらを用いて、植物の形質を実際に観察して形質を学びましょう。

データをダウンロードして使う

恒星社厚生閣のホームページから、大川式の植物検索を利用するための以下のデータがダウンロードできます。

●大川式植物検索カード《校庭 100 種》（校庭の植物 100 種用）

●大川式植物検索カード《本書 31 種》（簡易版・本書で解説する 31 種用）

「大川式植物検索カード」のデータをダウンロードして、植物検索のワークショップを行ってみましょう。準備や進め方は P109 に、カードの作り方は P121 に記載してあります。

●大川式植物検索用データベース

●大川式形質・科名一覧

●大川式植物観察手帳

私が開発した種子植物 2,172 種の形質をまとめたデータベースもダウンロードできます（P122 参照）。学習用として無償で利用可能ですので、活用して下さい。データベースを活用して、読者の皆様の身近なフィールド用の検索カードやプログラムを作ってみましょう。コンピュータ・プログラム作成の方法は、それぞれのソフトの説明書で学んでください。

大川式植物検索法とは

「大川式植物検索法」の開発は昭和 55 年（1980）に、国立科学博物館で行った「植物分類学習に関する研究」からスタートしました。植物の名前を調べるためには、植物の特徴を Yes/No の二者択一で選ぶ二分式検索法が主流ですが、注目した植物の特徴が目立つ時期しか使えなかったり、途中で判断を間違えると、まったく別の植物に行きついてしまったりして、専門知識がない人には難しい方法でした。そこで、当時高校教師だった私は、「初心者にも楽しく使える、わかりやすい教材」の開発を目指して研究を進めたのです。

「植物の名前は、さまざまな形質＝特徴の組み合わせによって決まる」という大前提があります。これを逆に見ますと、ある形質に対してその形質を持つ植物グループがひとつできるわけです。名前を調べたい植物が持つ、ひとつひとつの形質について、対応する植物グループすべてに共通して含まれる植物が、該当する植物の候補となるのです。この検索方法なら

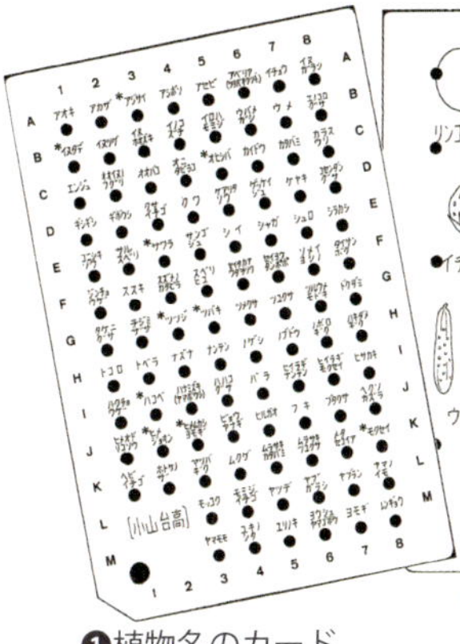

❶植物名のカード

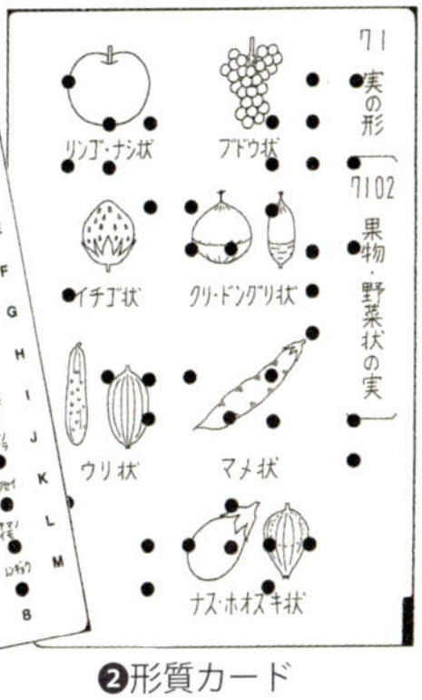

❷形質カード

都立小山台高校・校庭の植物 100 種検索用カード。実習する場所によって、検索できる植物を変えて作る。カードはリングで束ねて使う

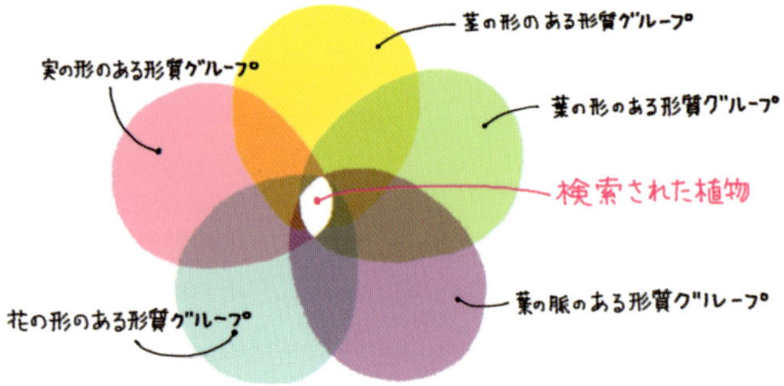
茎の形のある形質グループ
実の形のある形質グループ
葉の形のある形質グループ
検索された植物
葉の脈のある形質グループ
花の形のある形質グループ

ば、わからない形質はとばして検索を続けることが可能です。

この方法は、「植物と形質の組み合わせ一覧」を利用して検索する方法なので、一覧式検索法と呼びました。当時、縁穴《へりあな》パンチカードと呼ばれる情報カードを利用して作成された一覧式植物検索システムもありましたが、形質の数が多く、生徒が扱うには専門的すぎました。また、差し棒を使った検索はカードがばらばらになるため、野外では扱いにくいのも難点でした。

そこで、生徒が野外での観察に持って出られ、楽しみながら検索できるように、初心者でもわかりやすい形質にしぼり、植物も身近なものに限った、ハガキ大の検索カードを考案しました。それが、大川式植物検索カードです。

この検索カードは、25 ～ 100 種の植物を検索できるものです。❶検索できる植物の名前が記されたカード、❷形質カードがセットになっています。形質カードは本書に掲載しているものと同じ内容です。

形質カードには、その形質を持つ植物名の場所に穴が開けられています。ですから、特定の形質カードを選び出して重ねると、それらの形質をすべて持つ植物だけに穴が通る仕組みに

なっています。

実習では、生徒たちは選んだ形質カードを重ねて空にかざします。すると、検索された植物名の穴だけから青空が見えるのです。これは楽しい体験で、「青空が見えた！　見えた！」と、生徒達は大喜びでした。こうして楽しみながら学べるカードが完成しました。

昭和 57 年（1982）からはコンピュータを使った検索教材の開発を始めました。カードに比べればコンピュータならはるかに多くの植物を検索できます。開発された植物検索プログラムは実習の回数を重ね、様々な改良を加えて、現在は iPad 版、Windows 版などの植物観察ソフト『すみれ』（東京書籍）として販売されています。

見た目重視の形質選びを可能に

これらのカードやプログラムを使った検索実習を、幼稚園児から高齢者まで幅広い年齢層の人々を対象にして、様々な場所で、平成 15 年（2003）まで行いました。本検索法では「わからない形質は無視してよい」という利点がありますが、間違えた形質を選ぶと、前述の二分式検索法と同様に正しい答えにたどり着かないため、取り上げる形質に工夫が必要でした。

植物の形質をできるだけ正確に観察することが、植物の名前を知るための第一歩となりますが、観察する人の主観や知識の差によって間違えるこ

とはよくあります。例えば、《花の形》という項目で、オオイヌノフグリは植物学上は《左右相称《さゆうそうしょう》》なのですが、実際の検索実習では、《放射相称《ほうしゃそうしょう》》を選択する人が多かったのです。ある形質が植物学上は正しくなくても、そのように見えることが多いのであれば、その形質をデータベースに含めなければ、検索は行き詰まってしまいます。

そこで、知識のある人は正しい形質を選択をし、植物に詳しくない人は、直感的に見た形質（見た目の形質）を選択すればよく、どちらでも検索が可能なように柔軟性のあるデータベースを設計しました。

形質の取上げ方にも工夫をしました。例えば「つるが巻きつく」と「はう」は、植物学上は異なる形質ですが、実際はつるが地表にあれば、はっているようにも見えますし、斜面をはう植物はつるのようにも見えます。そのため、「はう」という特徴は《つる》の形質に含めました。このように区別しにくい形質はひとつの形質にまとめました。

また、《葉の長さ》は後述のように独自の数値基準を導入して客観化しましたが、《葉の大きさ》や《葉や幹の色》など、とても特徴的な形質でも、客観化が難しかったり、植物の個体差や季節差が大きかったりする形質は採用しませんでした。

《項目》と《形質》

大川式検索法では、植物の特徴を大きく「茎・葉・花・実」の４つの《大項目》に分け、各大項目の下にそれぞれの特徴ごとに 13 の《項目》に細分し、その下に複数の《形質》を用意しました。植物の名前を調べたい人は、「植物を項目ごとに観察し、形質を選び、データベースと照らし合わせる」ことによって、その植物の種もしくは科が検索できる仕組みになっています。

これらの形質を観察することに慣れると、直接植物を観察する以外に、植物図鑑で検索する際にも役立ちますし、メモを取ったり、誰かに説明するのにも役立ちます。また、経験を積めば、形質を見るだけでその植物の科の見当がつくようにもなります。植物を見分けることは、形質の見方さえ知ってしまえば、そんなに難しいものではないのです。

植物検索用に作成した大元のデータベースでは 32 項目 166 形質を設定しましたが、実際の実習では、本書で扱う 13 項目 51 形質が、どの世代でも観察しやすく、効率的でした。植物検索の実習で用いる形質は多いほど検索の的中率は上がりますが、観察に手間がかかりますし、形質を取り違えるリスクも増えるので、単に多ければよいというものではありません。

よく似た植物

アジサイ、イヌタデ、オヒシバ、サワラ、ツツジ、ツバキ、ハコベ、ヒメジョオン、ヒメムカシヨモギ、モクセイなどには、それぞれによく似た植物がいくつかあります。本検索法では、似た植物のそれぞれの違いを詳細な形質で分けるのではなく、「よく似た植物」としてグループ化しました。グループ化された植物名には「*」をつけています。これは、カードに記載できる植物が最大 100 種と限られているからです。

例えばハルジオンは、大川式ではよく似た形質を持つヒメジョオンとグループ化しており、「*ヒメジョオン」として検索されます。次に、このグループのどの植物に該当するかは、形質をさらに詳しく観察して図鑑と照合することで、ハルジオンに到達する仕組みになっています。したがって、ヒメジョオンになくてハルジオンにある形質として、項目《茎の切口》の中で《中空》の形質を、項目《葉の柄》の中で《茎をだく》の形質を「*ヒメジョオン」の形質に含めました。

ハコベとウシハコベなどのように、微妙な違いの場合は、そのための形質を用意するよりも、グループとして扱い、検索の後にさらに調べる方が効率的ですし、学ぶ楽しさがあります。植物検索実習で、よく似た植物グループに含まれる植物を扱う場合は、観察中もしくは検索が終わった後に、その違いを説明することにより、形質についての理解がいっそう深まります。そのため、よく似た植物をグループ化することは、コンピュータを用いた植物検索プログラムの開発においても採用しました。

大項目

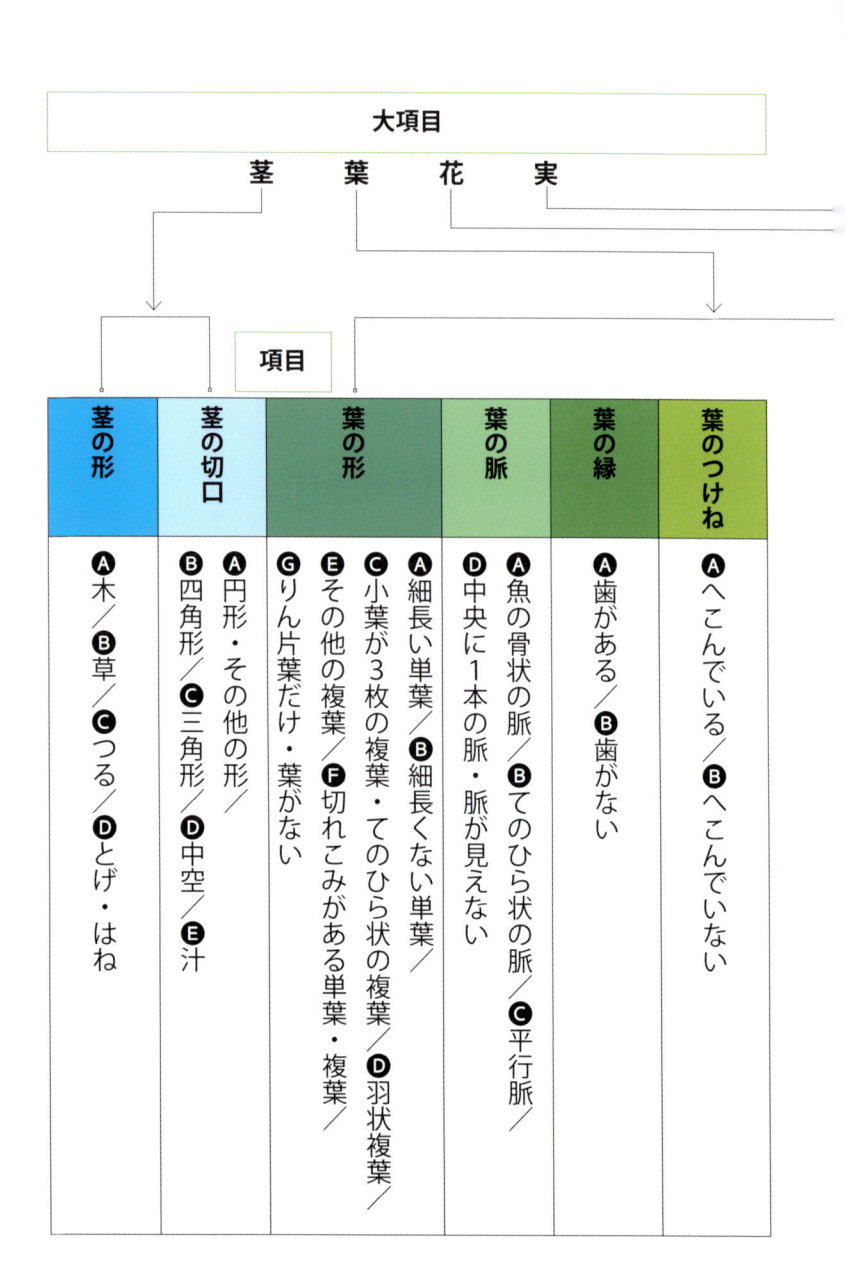

茎　葉　花　実

項目

茎の形	茎の切口	葉の形	葉の脈	葉の縁	葉のつけね
Ⓐ木／Ⓑ草／Ⓒつる／Ⓓとげ・はね	Ⓐ円形・その他の形／Ⓑ四角形／Ⓒ三角形／Ⓓ中空／Ⓔ汁	Ⓐ細長い単葉／Ⓑ細長くない単葉／Ⓒ小葉が3枚の複葉・てのひら状の複葉／Ⓓ羽状複葉／Ⓔその他の複葉／Ⓕ切れこみがある単葉・複葉／Ⓖりん片葉だけ・葉がない	Ⓐ魚の骨状の脈／Ⓑてのひら状の脈／Ⓒ平行脈／Ⓓ中央に1本の脈・脈が見えない	Ⓐ歯がある／Ⓑ歯がない	Ⓐへこんでいる／Ⓑへこんでいない

実の形	実の色	花の形	花の色	葉の匂い	葉のつき方	葉の柄
Ⓐ松かさ状の実／Ⓑ果物・野菜状の実／Ⓒとげ・はね・長い毛のある実	Ⓐ赤の系統／Ⓑ黄の系統／Ⓒ青の系統／Ⓓ白／Ⓔ黒	Ⓐ放射相称／Ⓑ左右相称／Ⓒ花びらが4枚以下／Ⓓ花びらが5枚／Ⓔ花びらが6枚以上	Ⓐ赤の系統／Ⓑ黄の系統／Ⓒ青の系統／Ⓓ白	Ⓐ葉が匂う	Ⓐ互生／Ⓑ対生／Ⓒ輪生／Ⓓ束生／Ⓔ根生	Ⓐ柄がある／Ⓑ柄がない／Ⓒたく葉／Ⓓさや・茎をだく

大川式の発展と応用

大川式検索法を発展させて作成した植物検索用データベースでは、形質を 32 項目 166 形質まで増やし、取り上げた植物の数は現在 2,172 種です。PC-98 系のパソコンを用いてデータベース活用プログラムを開発してきましたが、現在主流の Windows 系や Macintosh 系のパソコンには移植していません。これからは読者の皆様にデータベースの活用を是非お願いしたいと思います。

地球上には一説には 20 万～ 30 万種の植物があると言われていますので、2,172 種という数はほんの一部に過ぎません。しかし今後、ハードウェアの進歩により、20 万～ 30 万ものビッグデータを手軽に扱える日が遠からず来ることと思われます。そのようなときでも、本検索法の本質は何ら損なわれることなく活用できると確信しています。

私の研究は種子植物に限っていますが、例えば熱帯地方にはシダ植物なども多いので、新たに形質を設定して追加することも可能です。その際は形質選定の工夫と検証をしっかりする必要があります。

また、紛争や災害の後など、教育物資の少ない場所でボランティアで行う授業にも、大川式を用いた植物検索の授業はお勧めです。その地域でよく見る植物を選んで、形質のデータベースを作り、検索カード作りから始めてみてはいかがでしょうか。紙とペン、そして穴開けパンチさえあれば、どこの国の植物の検索カードでも作れます。植物の名前を知ることで、自分の土地への親近感も増しますし、分類、検索する能力を身につけることもできます。もちろん、毒を持つ生物や地雷などには十分な注意をしなければならないことは言うまでもありません。

この検索の技術は植物学だけに役立つものではありません。医学・歯学・薬学系など様々な生物を扱う分野のみならず、生物を扱わない理工学系の分野や、社会学などの文系、芸術系などあらゆる分野における検索・分類の方法として、幅広く応用されることが期待されます。

植物観察の方法

本書を使った植物観察の全体の流れは、以下の通りです。

❶本書に載っている植物を探す

❷形質を観察する

❸選んだ形質の答え合わせをする

❹疑問に思ったことを確かめる

❶本書に載っている植物を探す

ワークショップなどの観察実習には身の回りにある、よく知られた植物を使います。P87～108に「全国でよく見られる植物」を掲載しています。校庭や公園、土手など、安全で落ち着いて観察できる場所で、本書に載っている植物を探しましょう。例えばP91のセイヨウタンポポなどは最もポピュラーでしょう。

ここで、観察に際して注意しなければならないことがあります。

①むやみに植物を摘んだり、傷つけて観察しないこと。

教室などへ持ち帰って観察したり、植物標本を作ったりするのではないかぎり、フィールドでは生えているそのままの状態で観察しましょう！　また、植物園や庭園、国立公園など、植物を傷つけたり採取したりすることが禁じられている場所もありますから、注意しましょう。

②むやみに植物を踏み荒らさないこと。

野原や公園など、日常的に人が歩く場所では問題ありませんが、登山道など自然を維持しなければならない場所では、禁止されていなくても道をはずれて奥深くに立ち入らないようにしましょう！　もちろん、植物園や庭園でも歩道以外に入り込むことは禁止です。

❷形質を観察する

誰でも知っている植物を観察することは、一見むだなように思えますが、植物の形質を知るにはとても効果的です。大川式の形質は初心者でもわかりやすいものになっていますが、それでも実際に植物を観察して、《茎の切口》が《四角形》、《中空》とは、《葉の脈》が《てのひら状の脈》、《平行脈》とはどういうものなのか、見て確かめることで観察する目が養えます。

形質はどこから観察しても、いくつ観察してもかまいません。花の咲いていない時期には花の観察はできませんし、実がなる季節でなければ実の観察はできませんからね。

葉を観察するときは、なるべく大きな葉を複数選びましょう。実を観察するときは、熟した実を選んでください。恒星社厚生閣のホームページに下のような形質を書き込むカードを設けてあります。ダウンロードして利用してください。

茎の形	茎の切口	葉の形	葉の脈	葉の縁	葉のつけね	葉の柄	葉のつき方	葉の匂い	花の色	花の形	実の色	実の形

観察した形質の記号はアルファベットで各ページの縁に表示してあります。P29 ～ 85 の形質を、それぞれ観察して、記号を書き込み欄に記入しましょう。

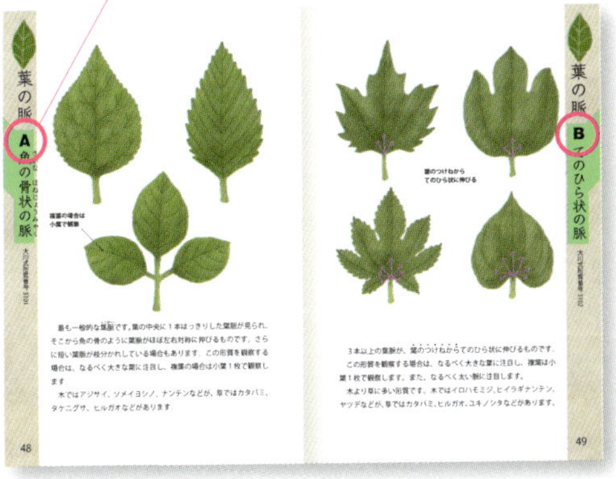

本検索法は、植物に詳しくない人でも直感的に見たままの形質を選ぶことができるようにしてあります。葉が《細長い》か《細長くない》かといったような主観的な形質では、葉の幅が長さの3倍で区切って客観的に選べるようにしました。ただし、ツユクサのように、葉によっては3倍以上・未満の両方が見られる場合もあると思います。その場合は《細長い葉》、《細長くない葉》のどちらかに絞ってもよいですし、または両方の形質を選んでもかまいません。

また、上述の例に限らず、「形質の選択に迷う」ということ自体が、候補となる植物を絞る上でとても重要な情報となるので、迷った場合は、どちらか片方の形質を選ぶより、両方の形質を選ぶことで、検索される植物の候補を除外することなくさらに絞ることができます。《細長い》のか《細長くない》のか迷う場合は、その植物の葉の長さが「ちょうど境界領域」にあることを示しますので、両方の形質を選ぶほうが、よりよい選択です。

同様なことは《葉のつき方》という項目の中でもみられます。同じ植物で《互生《ごせい》》と《根生《こんせい》》双方の形質を持つものがあり、この場合も《互生》、《根生》のどちらかを選ぶことも、両方の形質を選ぶこともできますが、両方を選んだ方がより検索しやすくなります。

このように形質選びは「どれかひとつに当てはめる」ものではありません。また、「必ずどれかに当てはまる」ものでもなく、形質によってはどうしても当てはまるものがない場合もあります。そのときは「形質を選ばない」という選択肢もあるのです。

❸選んだ形質の答え合わせをする

観察が終わったら、それぞれの形質を確認してみましょう。「全国でよく見られる植物」のページには「形質表」があります。(右ページ参照)そこにその植物の「形質データ」が記載されています。

この形質表で自分が選んだ形質が一致しているかを確認します。次に、選んだ形質が黒いアルファベットか灰色のアルファベットかどうかを確認してみましょう。黒いアルファベットは植物学的に正しい形質で、灰色の

カヤツリグサ
カヤツリグサ科／カヤツリグサ属

夏～秋、茎の先に細い5～10本の枝を出し、黄褐色の花穂をつける
花穂をつける枝に長短があり、長いものは10cmにもなる
根生する葉の間から一株に数本の茎が立ち、高さ20～50cmになる
三角柱状の茎は、カヤツリグサ科の特徴。全体に香りがある
茎の断面
野原の湿地などに多い一年草。別名マスクサ。茎を両端から裂いて蚊帳を吊ったような形を作る遊びがあったことが名の由来。

茎の形	茎の切口	葉の形	葉の脈	葉の縁	葉のつけね	葉の柄	葉のつき方	葉の匂い	花の色	花の形	実の色	実の形
B	C	A	C	B	B	BD	ACE	A	AB	C	B	-

クズ
マメ科／クズ属

葉のもとに赤紫色の花が房状に集まって咲く。花は左右相称で長さは18～20mm。芳香あり
根は長大で、長さ1.5m、直径20cmほどになる
実
果実は長さ5～10cm。褐色の長い硬い毛を密生する
全体に褐色の粗い毛で覆われる
空き地などに多い、大形のつる草の多年草で、長さは10mにもなり、茎の基部は木質になる。根から葛粉を取る。秋の七草のひとつ。

茎の形	茎の切口	葉の形	葉の脈	葉の縁	葉のつけね	葉の柄	葉のつき方	葉の匂い	花の色	花の形	実の色	実の形
BCD	A	CF	AB	B	B	AC	A	-	A	BD	B	BC

90

ススキ
イネ科／ススキ属

茎の先に紫褐色、黄褐色の花穂を7～10本つける。花穂の長さは15～30cm
花びらもがくも無い花はイネ科の特徴のひとつ
花の先から長い毛（のぎ）が1本出る。似た植物のオギはのぎが出ない
葉の縁には細かな歯がある
山野の日向に多い。高さ1～2mになる大型の多年草。大きな株を作る。茎の節は目立たない。花穂を尾花と呼び秋の七草のひとつ。

茎の形	茎の切口	葉の形	葉の脈	葉の縁	葉のつけね	葉の柄	葉のつき方	葉の匂い	花の色	花の形	実の色	実の形
B	AD	A	C	AB	B	BD	ADE	-	ABD	C	ABD	B

セイヨウタンポポ
キク科／タンポポ属

花の外側のほうがそり返る。在来のカントウタンポポはそり返らない
茎の先に花が1つ咲く。昼に集合花が開き、夜に閉じる。花の直径は4～5cm
茎は中空。白い汁が出る
果実の先に白い毛（冠毛）が着く
葉はロゼット状
ヨーロッパ原産の多年草。都会や北海道に多いが在来のカントウタンポポなどとも共存。食用・薬用にする。

茎の形	茎の切口	葉の形	葉の脈	葉の縁	葉のつけね	葉の柄	葉のつき方	葉の匂い	花の色	花の形	実の色	実の形
B	ADE	AF	AD	AB	AB	ABD	E	-	B	ABDE	ABD	BC

91

アルファベットは植物学的には正しくない「見た目の形質」です。

形質を照らし合わせて2つ以上間違っていたら、観察の間違いではなく、異なる植物の可能性があります。3つ以上違っていたら、それはほぼ異なる植物です。その場合、観察した植物の名前を調べるには、インターネットや植物図鑑を利用します。セイヨウタンポポを観察しているつもりであったならば、「タンポポの仲間」や「キク科」をキーワードに探してみましょう。

異なる植物だったり、間違えた形質ほど、勉強になるものはありませんから、じっくり観察し直してみてください。

「見た目の形質」こそ面白い

初心者が選びやすい「見た目の形質」も、勉強にはうってつけです。例えば、上記のセイヨウタンポポの形質表（P91）を見ると、《花の形》は《A放射相称《ほうしゃそうしょう》》、《B左右相称《さゆうそうしょう》》、《D花びらが5枚》、《E花びらが6枚以上》と4つが記載されていますね。タンポポの花は一見するとたくさんの花びら

が束になっていて、形は《A 放射相称》で、枚数は《E 花びらが 6 枚以上》のように見えます。しかし、これは初心者がよく選ぶ「見た目の形質」で、植物学上の正しい形質は、《B 左右相称》、《D 花びらが 5 枚》です。これはタンポポの花（キク科）が、集合《しゅうごう》花《か》と呼ばれるたくさんの花の集まりだからです。そのひとつひとつを観察すると、花びらは舌状《ぜつじょう》になっており、ひとつの舌状花が実際には 5 枚の花びらがくっついた合弁《ごうべん》花《か》なので、《D 花びら 5 枚》となります。

このようなことは、全てを教科書で知ってしまうよりも、検索実習による方が、より楽しく学べて印象に残りますね。間違えた形質や「見た目の形質」こそ、植物を学ぶ楽しいポイントなのです。

●タンポポの花の仕組み

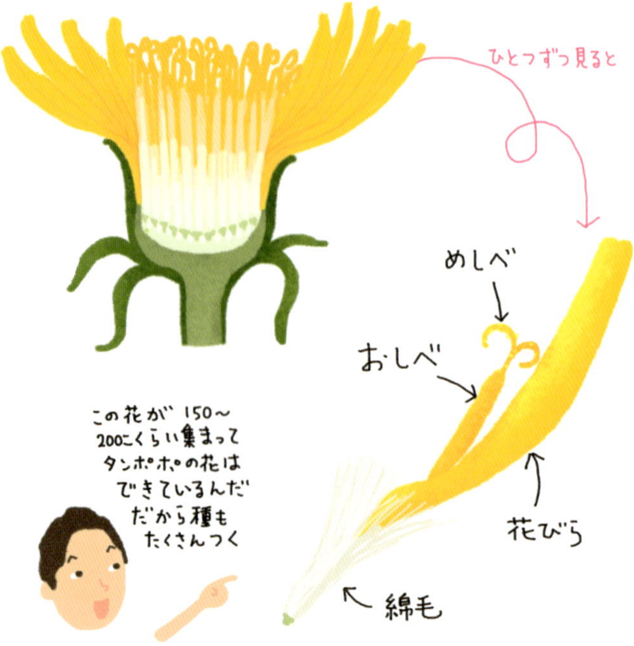
ひとつずつ見ると
めしべ
おしべ
花びら
綿毛
この花が 150〜
200こくらい集まって
タンポポの花は
できているんだ
だから種も
たくさんつく

形質選びの練習

それでは、フィールドに出る前に下のイラストを使って、試しにP29～85を参考に形質を観察してみてください。答えは次のページにあります。この植物も全国でよく見られます。

茎の形	茎の切口	葉の形	葉の脈	葉の縁	葉のつけね	葉の柄	葉のつき方	葉の匂い	花の色	花の形	実の色	実の形

P27 の答え

これは「ナズナ」です。別名「ペンペングサ」。緑色の三角形の実をつけます。アブラナ科で1月中旬～5月中旬まで白い小さな花が咲きます。薬草としても用いられ「春の七草」のひとつです。よく似た植物に「タネツケバナ」があります。こちらは実が棒状なのが特徴です。タネツケバナによく似た実をつけ、黄色い花を咲かせるのは「イヌガラシ」です。黄色い花で実がサヤエンドウのように薄く楕円形なのは「イヌナズナ」です。

ナズナがわかると、いろいろな植物を見つけられますね。

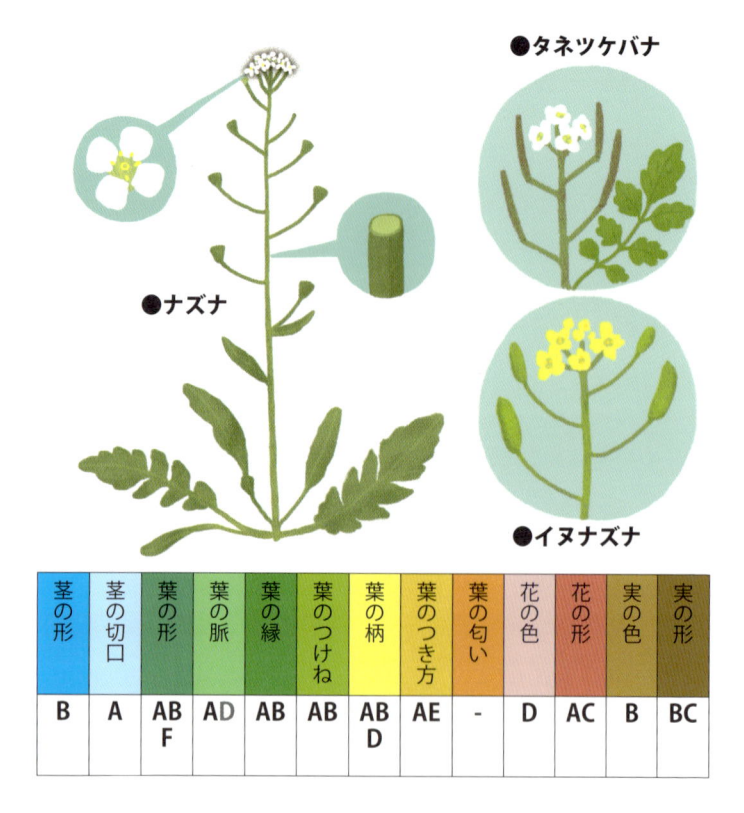

茎の形	茎の切口	葉の形	葉の脈	葉の縁	葉のつけね	葉の柄	葉のつき方	葉の匂い	花の色	花の形	実の色	実の形
B	A	AB F	AD	AB	AB	AB D	AE	-	D	AC	B	BC

大川式形質の観察方法

13 項目 51 形質

茎を観察するポイント

「茎《くき》」は幹や枝などを含みます。P32の《草》の図で示した、チューリップの茎は、植物学上は「花茎《かけい》」ですが、大川式では茎に含みます。

一般に種子植物は《木》と《草》に分けられます。茎が細く丈が低くて草のように見える木もあれば、茎が硬く丈が高くて木のように見える草もあり、選択に迷うことがあると思います。検索候補となる植物が無いと思われる場合は、木と草の選択を変えてみましょう。

また、イネ科に属するタケやササの仲間が《木》、《草》のどちらに分類されるかは未だに議論のあるところです。これは、誰もが納得できる明確な《木》の定義が学術的に確立されていないためです。そのため、大川式検索法ではタケやササの仲間は取り上げませんでした。

注意すべきは、同じ科の植物でも《木》と《草》が含まれている場合があるということです。例えばキク科の植物の多くは草に属しますが、コウヤボウキのように木に属するものもあります。マメ科の植物ではフジは木に属し、レンゲソウは草に属します。

《茎の切口》観察の注意！

《茎の切口》の項目では、形についても中空であるかどうかについても、茎の外観や触れることでわかることが多いので、切らずに観察しましょう。

茎の切口から《汁》が出るかどうかについては、実際に茎を切らないとわかりませんが、植物園や国立公園、山間部などには、絶滅危惧《ぜつめつきぐ》種《しゅ》や希少な高山植物《こうざんしょくぶつ》などが生えていますので、例え群生していたとしても、絶対に茎を傷つけてはなりません。もちろん、触れるためだからといって、通路や山道を出て植生地に踏み入るのもいけません。

そのため、この項目は、よく見る身近な植物以外では省きます。

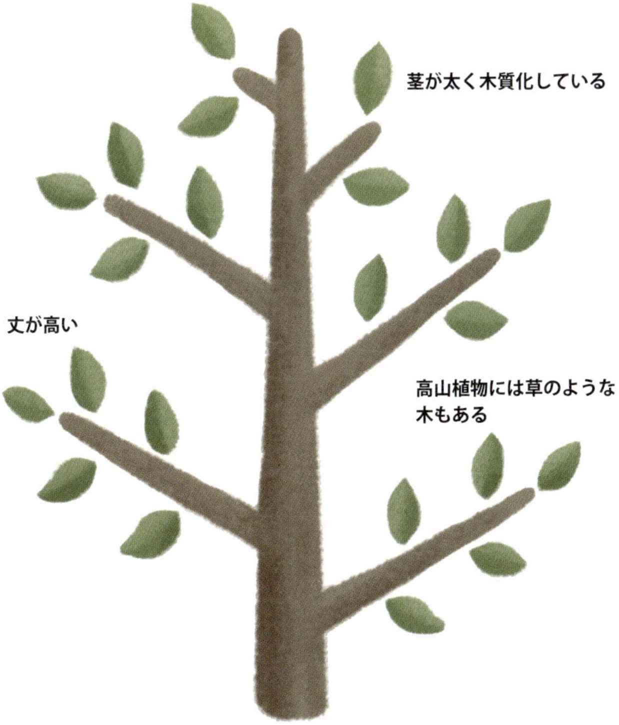
茎が太く木質化している
丈が高い
高山植物には草のような
木もある

平地では、茎が太く木質化している丈の高いものが木に属します。しかし、高山植物の中には、コケモモ、イワヒゲ、シラタマノキなど「草状の木」が多く見られます。木か草か迷う場合は、どちらか一方を選んで検索を行い、最終的に候補となる植物が無いと思われる場合は、木と草の選択を変えてみましょう。

茎が細くて小形
木のように見える
草もある

茎が細くて小形なもの（ススキ、ヒメジョオン、ヨモギなど）が草に属します。ただし、イタドリ、オオブタクサなど、日当たりのよい川原などに生える一部の草は、木のように茎が硬く人間の背丈以上になります。キク科のマーガレットも茎が木《もく》質《しつ》化《か》して木のように見えることがありますが、草に属します。

茎の形 C つる（よじ登る・巻きつく・はう）

大川式形質番号1003

巻きつく
茎を他の植物やフェンスなどにからめて伸びている
ひげ
コイル状のヒゲが他の植物やフェンスにからみついている
吸盤
岩や樹木、壁などに吸盤のようについている
根
はった茎から根が出ている
はう
地面ややぶの上をはうように伸びている

普通の植物のように直立《ちょくりつ》せず、他の植物や壁などによじ登ったり、巻きついたり、はったりするものはこの形質も選びます。木より草に多くの例を見ます。日除《ひよけ》によく植えられるゴーヤ、キュウリ、アサガオ、フウセンカズラなどは草に属し、ブドウ、フジ、つる性のバラなどは木に属します。

つる性の木であるツタは、巻きひげの先端に吸盤《きゅうばん》があって、壁などについてよじ登るように成長します。壁や屋根全体がツタに覆われた古い建物を見ることがあるでしょう。その他「はう」植物としては木ではテイカカズラ、ハイマツ、草ではカタバミ、ハコベなどがあります。

D とげ・はね

大川式形質番号1004

茎の表面に「とげ状の突起」や「はね状の構造」が見られるものはこの形質も選びます。身近な植物では木に多く見られます。バラや、ミカンなどの柑橘類《かんきつるい》の《とげ》はよく知られています。ピラカンサなどの木は《とげ》を利用して防犯用に生垣に植えたりします。

意外に思われるかもしれませんが、ウメの古い枝には小枝が変形した《とげ》が見られます。しかし、ウメと同じバラ科であるソメイヨシノなどのサクラ類には《とげ》はありません。

茎の表面に「はね状の構造」を持つ植物には、ニシキギがあります。太い幹には見られませんが、細い枝に見られます。

茎の切口

A 円形・その他の形

大川式形質番号 1101

切口が円形
切口が星形
六角形などの
多角形もある

茎の切口は円形のものが最も多い形質です。円形に近い星形、六角形のものも《円形・その他の形》に含めます。木ではツツジ、バラ、ヤツデなどが、草ではカタバミ、ハコベ、ヨモギなどがあります。

茎の切口

B 四角形

大川式形質番号 1102

切口が四角形
目で観察してわからなかったら、触ってみましょう

茎の断面が《四角形》のものです。この特徴を持つ植物は少なく、木ではアオキ、サルスベリ、レンギョウで一部の茎に《四角形》のものが見られました。草ではヒメオドリコソウ・ホトケノザなどシソ科の植物、イノコズチなどがあります。

茎の切口

C 三角形

大川式形質番号 1103

切口が三角形
目で観察してわからなかったら、触ってみましょう

茎の断面が《三角形》のものです。この特徴を持つ植物はごく少なく、身近な植物ではカヤツリグサやサンカクイなどのカヤツリグサ科の植物が代表的なものです。

D 中空《ちゅうくう》

大川式形質番号 1104

ストロー状
茎を押すと
つぶれるものもある

茎の断面の形に関わらず、茎の中身が《中空》になっているものです。ストローのように《円形》のものが多いですが、《四角形》、《三角形》のものもあります。《円形》で《中空》の植物は、木ではウツギ、草ではセイヨウタンポポ、ハルジオンなどがあります。春に花盛りのハルジオンは茎が《中空》ですが、よく似た植物で夏に花盛りを迎えるヒメジョオンは茎が《中空》でないので、簡単に区別がつきます。

四角形で《中空》の植物は、草であるヒメオドリコソウ、ホトケノザなどがあります。

《中空》かどうかは、茎に少し力を入れて触ってみればわかることも多いので、なるべく茎を切らずに観察しましょう。

E 汁《しる》が出る

大川式形質番号 1105

茎を折ったり、
傷つけると
汁が出る

この項目は実際に茎を切らないとわかりません。そのため、よく見る身近な草木以外では、この項目は省きます。特に希少な絶滅危惧種や高山植物などは、観察で茎に傷をつけてはなりません。

茎の形状にかかわらず、また、《中空》であろうとなかろうと、茎の切口から白色や黄色などの《汁が出る》ものです。この形質を持つ植物は少ないですが、木より草がやや多い印象です。木ではクワ科が代表的で、草ではコニシキソウ、セイヨウタンポポ、タケニグサ、ヒルガオなどがあります。

葉を観察するポイント

植物の葉には、単葉《たんよう》と複葉《ふくよう》の区別があります。両者の区別はなかなか難しいものですが、葉の芽の位置に注目すると、見当をつけることができます。原則として次のことが言えます。

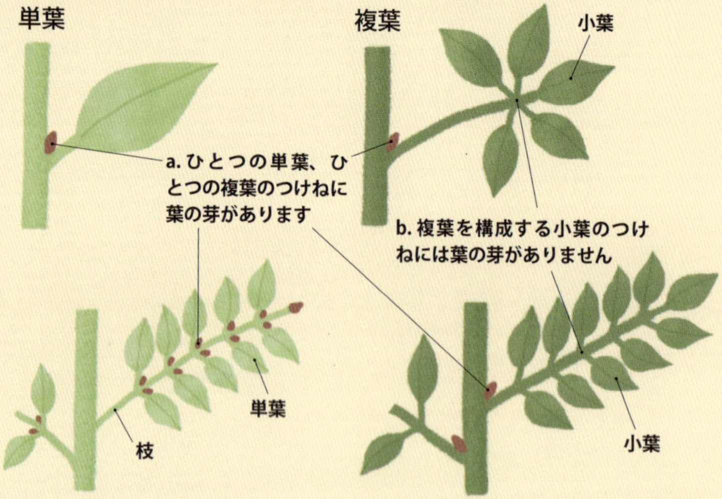
単葉
複葉
小葉
a. ひとつの単葉、ひとつの複葉のつけねに葉の芽があります
b. 複葉を構成する小葉のつけねには葉の芽がありません
単葉
枝
小葉

一般に葉の形質を調べるときは、なるべく大きな葉に注目してください。葉の形の《切れこみがある》という形質や、葉の脈、葉の縁、葉のつけねの項目では、なるべく大きな葉に注目するとともに、複葉の場合は小葉《しょうよう》1枚で観察します。

葉の柄、葉のつき方の項目では、複葉の場合は小葉1枚でなく複葉全体で見てください。

また、植物学上の「単《たん》子《し》葉植物《ようしょくぶつ》」と、よく似た言葉の「単葉」とは定義が異なることに注意して下さい。単子葉植物とは、被子植物の中で、発芽したばかりの葉が1枚である植物のことです。

葉が帯状・リボン状
の細長い葉
針状の細長い葉
葉の長さが幅の3倍
以上のもの。
はっきりしない場合は
《細長くない単葉》も
選んでおく

大川式検索法では、単葉の中で、葉の幅に対して葉の長さが3倍以上のものを《細長い単葉》と定義します。この形質を観察する場合は、なるべく大きな葉に注目します。複葉はこの形質を選びません。

この形質は木より草の方が多く、木ではアカマツなどの針葉樹、シダレヤナギなどのヤナギ科の一部などがあります。草ではエノコログサなどイネ科の大半の植物、ツメクサ、ハハコグサ、ムラサキツユクサなどが含まれます。

B 細長くない単葉

大川式形質番号 3002

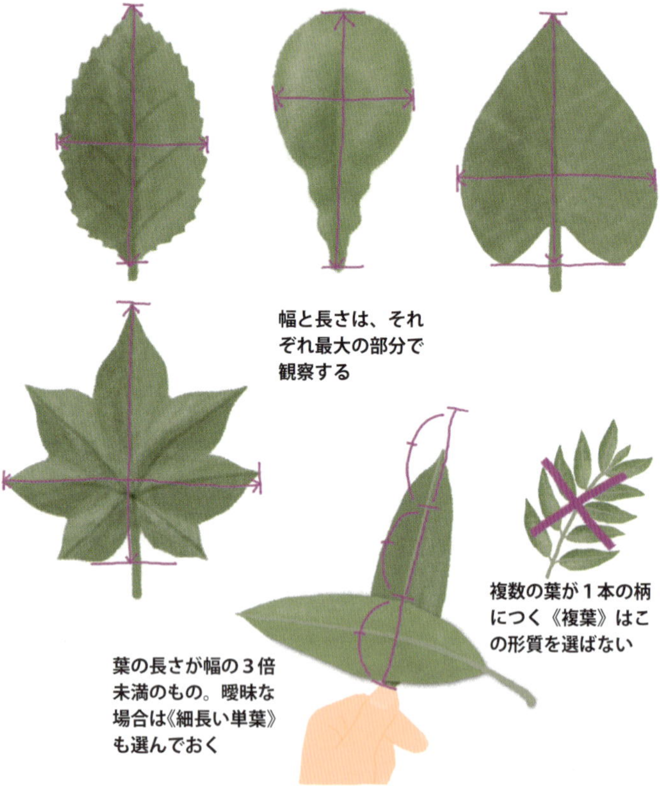
幅と長さは、それぞれ最大の部分で観察する
複数の葉が１本の柄につく《複葉》はこの形質を選ばない
葉の長さが幅の３倍未満のもの。曖昧な場合は《細長い単葉》も選んでおく

大川式検索法では、単葉の中で葉の幅に対して葉の長さが３倍未満のものを《細長くない単葉》と定義します。この形質を観察する場合は、なるべく大きな葉に注目します。複葉はこの形質を選びません。

モミジのように《切れこみがある》単葉は、切れこんだ部分に注目するのではなく、「葉全体の幅と長さ」に注目して下さい。

細長い単葉と同様、木より草の方に多い傾向が見られます。木ではアジサイ、イチョウ、イロハモミジなどが、草ではドクダミ、ヒルガオ、ホトケノザなどがあります。

小葉《しょうよう》が3枚の複葉・てのひら状の複葉

大川式形質番号 3003

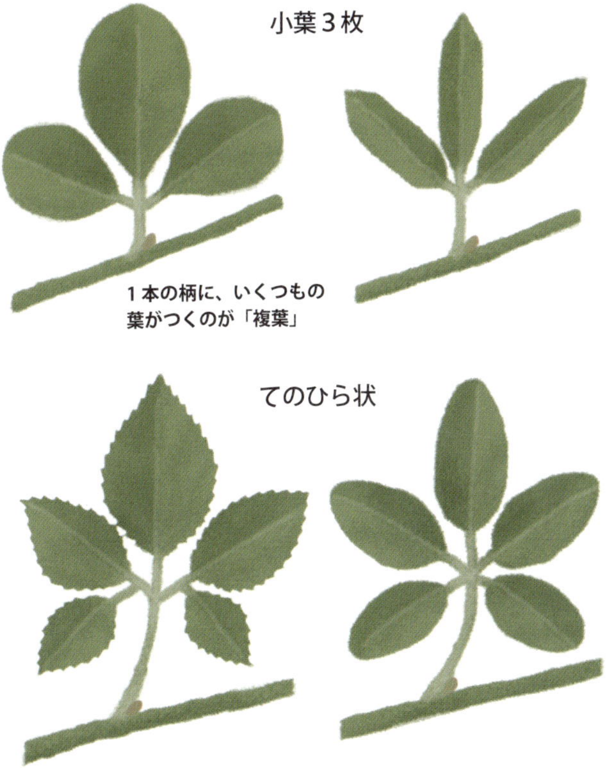
小葉３枚
１本の柄に、いくつもの
葉がつくのが「複葉」
てのひら状

茎の節《ふし》から１枚の葉だけが出るものを「単葉」、複数の小さい葉：「小葉」が集まって出るものを「複葉」と言います。この形質は３枚の小葉が集まって茎の節から出ている複葉、または３枚以上の小葉が集まって（５枚であることが多いです）、てのひら状に見える複葉です。

この形質は木、草ともに少ないですが、特に木には少なく、身近な植物ではクサイチゴがあげられるくらいです。ちなみに、クサイチゴは名前に「クサ」がついていますが、木に分類されます。草ではカタバミ、ヘビイチゴ、ヤブガラシなどがあります。

D 羽《う》状《じょう》複《ふく》葉《よう》

大川式形質番号 3004

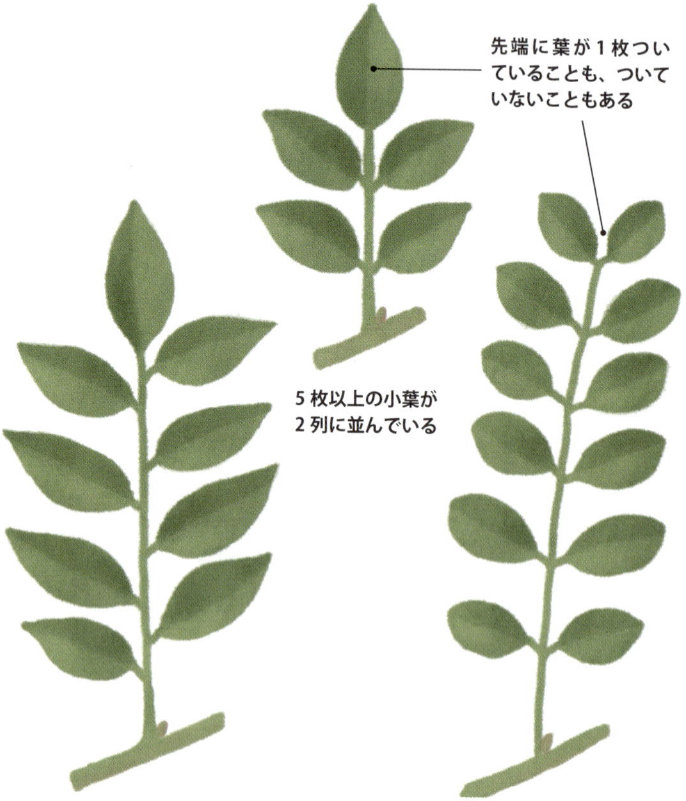
先端に葉が１枚ついていることも、ついていないこともある
５枚以上の小葉が２列に並んでいる

《羽《う》状《じょう》複《ふく》葉《よう》》とは、５枚以上の小葉が２列に並んでついている複葉を言います。先端に１枚の葉がついていることも、ついていないこともあります。

草より木に多い形質です。木の例ではクサイチゴ、バラ、ヒイラギナンテンなどがあります。クサイチゴは、小葉が３枚の複葉、５枚の羽状複葉のどちらも見られますので、《小葉が３枚の複葉・てのひら状の複葉》、《羽状複葉》のどちらか、または両方を選びます。

草の例ではスズメノエンドウ、カラスノエンドウなどがあります。

E その他の複葉

大川式形質番号 3005

多くの小葉がこみいって集まってひとつの複葉を作るものなど、《小葉が３枚の複葉・てのひら状の複葉》、《羽状複葉》に当てはまらない複葉は、この形質を選びます。木、草ともにまれな形質で、木の例としてナンテンが、草の例としてコセンダングサがあります。

F 切れこみがある単葉・複葉

大川式形質番号 3006

幅 a の 1/10 以上
切れ込んでいる
a
複葉の場合は
小葉で観察

単葉でも複葉でも、葉に切れこみがあるときは、この形質も選びます。大川式検索法では「切れこみ」とは、へこみの深さが葉の幅の1/10以上のものと定義しますが、《葉の縁・歯がある》と迷った場合は、両方選んでおきます。

この形質を観察する場合は、なるべく大きな葉に注目し、複葉の場合は小葉１枚で観察します。

木より草に多く見られます。木ではイロハモミジ、クワ、ヒイラギナンテンなどが、草ではカタバミ、ヒルガオ、ヨモギなどがあります。

G りん片葉《へんよう》だけ・葉がない

大川式形質番号 3007

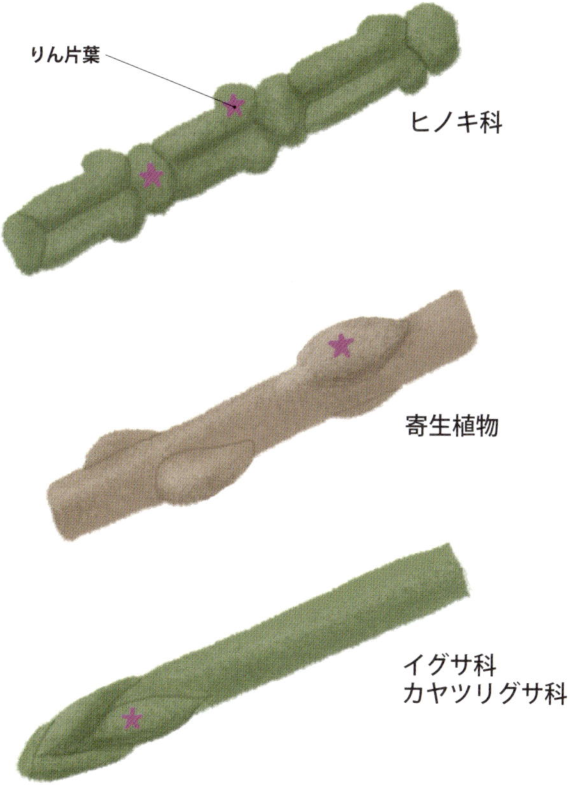
りん片葉
ヒノキ科
寄生植物
イグサ科
カヤツリグサ科

普通の柔らかくて薄い葉ではなく、小さくて細かく、一見すると葉に見えないウロコ状の葉などを持つ植物はこの形質を選びます。

りん片葉がびっしり茎についているもの、ぴったりと茎に張りついているものなどがあります。また、他の植物に寄生して栄養分を吸収することで生育する寄生植物（緑色でない植物）も、この形質を選びます。木ではヒノキやアスナロ、草ではイ、サンカクイがあり、寄生植物としてはナンバンギセル、ネナシカズラなどがあります。

葉の脈

A 魚《さかな》の骨《ほね》状《じょう》の脈《みゃく》

大川式形質番号 3101

複葉の場合は
小葉で観察

最も一般的な葉脈《ようみゃく》です。葉の中央に１本はっきりした葉脈が見られ、そこから魚の骨のように葉脈がほぼ左右対称に伸びるものです。さらに短い葉脈が枝分かれしている場合もあります。この形質を観察する場合は、なるべく大きな葉に注目し、複葉の場合は小葉１枚で観察します。

木ではアジサイ、ソメイヨシノ、ナンテンなどが、草ではカタバミ、タケニグサ、ヒルガオなどがあります。

葉の脈

B てのひら状の脈

大川式形質番号 3102

３本以上の葉脈が、葉のつけねからてのひら状に伸びるものです。

この形質を観察する場合は、なるべく大きな葉に注目し、複葉は小葉１枚で観察します。また、なるべく太い脈に注目します。

木より草に多い形質です。木ではイロハモミジ、ヒイラギナンテン、ヤツデなどが、草ではカタバミ、ヒルガオ、ユキノシタなどがあります。

葉の脈

C 平行脈《へいこうみゃく》

大川式形質番号 3103

葉脈が平行に何本も伸び、葉先で合流する

平行に近い葉脈が葉のつけねから先端《せんたん》まで続き、葉の先端で合流するものです。なるべく大きな葉に注目し、複葉の場合は小葉１枚で観察します。また、はっきりした太い脈を観察します。

草に多く、木ではまれな形質です。木であるシュロは本来なら《てのひら状の脈》ですが、検索実習に携わった生徒や指導者の実に多くが《平行脈》とみているので、大川式検索法では両方の形質を取りました。草ではエノコログサなどのイネ科植物、ギボウシ、シャガ、ツユクサなどがあります。

D 中央に1本の脈・脈が見えない

大川式形質番号 3104

葉脈が１本のように
見える
葉脈が見えない

葉の中央に１本の太い葉脈があるように見える葉、または葉脈が全く見えない葉です。この形質を観察する場合は、なるべく大きな葉に注目し、複葉の場合は小葉１枚で観察します。

細い葉や厚い葉に多い形質です。木ではイヌツゲ、ジンチョウゲ、ヒイラギナンテンなどが、草ではアシボソ、ムラサキツユクサなどがあります。

葉の縁

A 歯がある

大川式形質番号 3201

歯の先がとがっている
歯の先が丸い
てのひら状でも
縁がギザギザ

葉の縁にギザギザがあるものです。のこぎりの歯のように歯の先がとがっているものや、歯の先が丸いものがあります。この形質を観察する場合は、なるべく大きな葉に注目するとともに、複葉の場合は小葉１枚で観察します。

葉の縁に《歯がある》、《歯がない》植物は、半々くらいの割合です。木ではイロハモミジ、ツバキ、ヒイラギナンテンなどが、草ではナズナ、ユキノシタ、ヨモギなどがこの形質を持ちます。

葉の縁

B 歯がない

大川式形質番号 3202

葉の縁がフリル状
縁がツルッとしている
縁がツルッとしている

葉の縁にギザギザがないものです。葉の縁がフリルのように波打っているものも含まれます。この形質を観察する場合は、なるべく大きな葉に注目するとともに、複葉は小葉１枚で観察します。

木より草の方に多い形質です。木ではイヌツゲ、サルスベリ、ビョウヤナギなどが、草ではエノコログサなどのイネ科植物、ツユクサ、ヤブランなどがこの形質を持ちます。

葉のつけね

A へこんでいる

大川式形質番号 3301

葉のつけねがへこんでいる

葉のつけねがトランプのスペードマークのように《へこんでいる》ものです。この形質を観察する場合は、なるべく大きな葉に注目するとともに、複葉は小葉１枚で観察します。

植物全体では、《へこんでいる》葉を持つものは少ないです。木ではイロハモミジ、シュロ、ヤツデなどが、草ではタケニグサ、ヒルガオ、ユキノシタなどがあります。

葉のつけね

B へこんでいない

大川式形質番号 3302

葉のつけねがへこんでいない
複葉は小葉の
つけねを観察

葉のつけねが《へこんでいない》ものです。この形質を観察する場合は、なるべく大きな葉に注目するとともに、複葉は小葉１枚で観察します。

大部分の木や草は、《へこんでいない》葉を持ちます。木ではウメ、ナンテン、ムクゲなどが、草ではイヌタデ、ツユクサ、ハコベなどがあります。

葉の柄

A 柄《え》がある

単葉

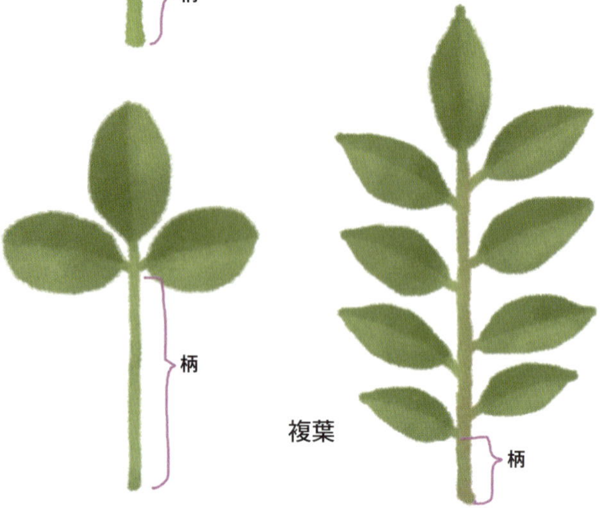

複葉

葉に《柄《え》がある》ものです。なるべく大きな葉に注目して下さい。複葉の場合は、小葉の柄ではなく、複葉全体の柄で見ます。木でも草でも、ごく普通の特徴です。

木ではアジサイ、ウメ、バラなどが、草ではオオバコ、カタバミ、ドクダミなどがあります。

茎から直接葉がつく

葉のもとに《柄がない》、茎から直接葉が出ているものです。なるべく大きな葉に注目して下さい。

木では葉柄《ようへい》がない植物は少なく、サワラ、ハクチョウゲ、ビョウヤナギなどがあります。草では葉柄がない植物は比較的多く、エノコログサなどのイネ科植物の大半、シャガ、ヤブランなどがあります。

C たく葉《よう》

大川式形質番号 3403

タデ科
葉状
スミレ科
葉状
葉状
バラ科
葉状
マメ科
さや状
タデ科
ユリ科
ひげ状

葉の柄のもとに、葉状、さや状、ひげ状などの、普通の葉とは異なる形の構造がついているものです。スミレ科の植物では、ギザギザの歯がある小さい葉状の《たく葉《よう》》が葉の柄に一対、向い合ってついています。タデ科の植物には「葉状」または「さや状」の《たく葉》がついています。バラ科の植物にはギザギザのある小さな「葉状」の《たく葉》が一対、向い合ってついています。マメ科の複葉の植物には葉のつけねに小葉より大きな《たく葉》が２枚、ユリ科の植物には「ひげ状」の《たく葉》が一対、向い合ってついていることがあります。

《たく葉》を持つ植物のうち、さや状のたく葉が茎をはっきりと巻いているものは、この形質も選びます。また、《たく葉》や《柄がない》葉でも、葉のつけねが《茎をだく》ようになっているものは、この形質を選びます。木より草に多く、草の例だけをあげますと、エノコログサなどのイネ科植物の大半、シャガ、ツメクサなどがあります。

葉のつき方

A 互生《ごせい》

大川式形質番号 3501

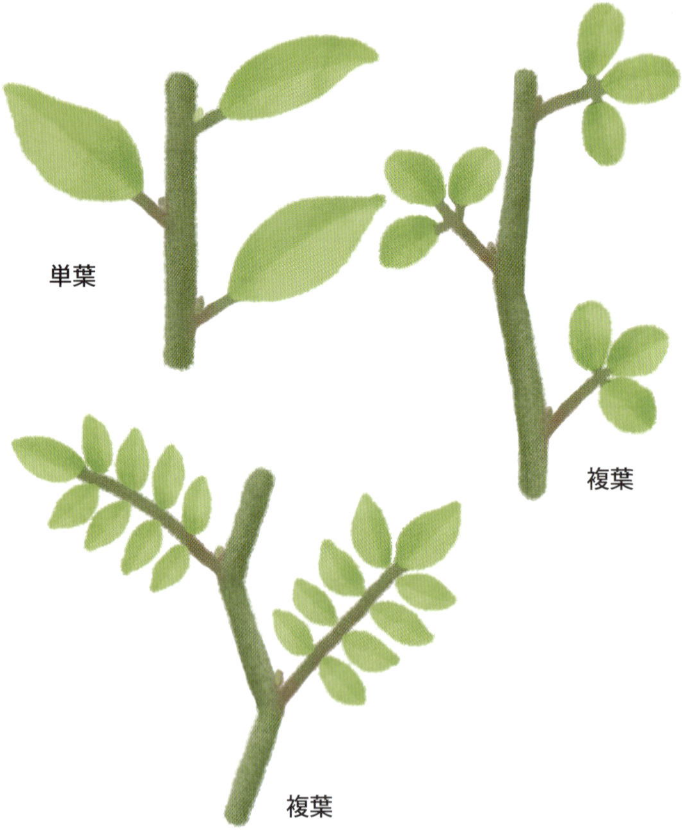

単葉でも複葉でも、葉が茎に互い違いについているものです。なるべく大きな葉に注目して観察します。複葉の中には、複葉を形作る小葉が《対生《たいせい》》しているものがありますが、複葉全体で観察し、複葉自体が茎から互い違いについている場合は《互生《ごせい》》を選びます。

木、草ともに最も多い葉のつき方です。木ではウメ、ナンテン、モッコクなどが、草ではアカザ、トコロ、ハハコグサなどがあります。

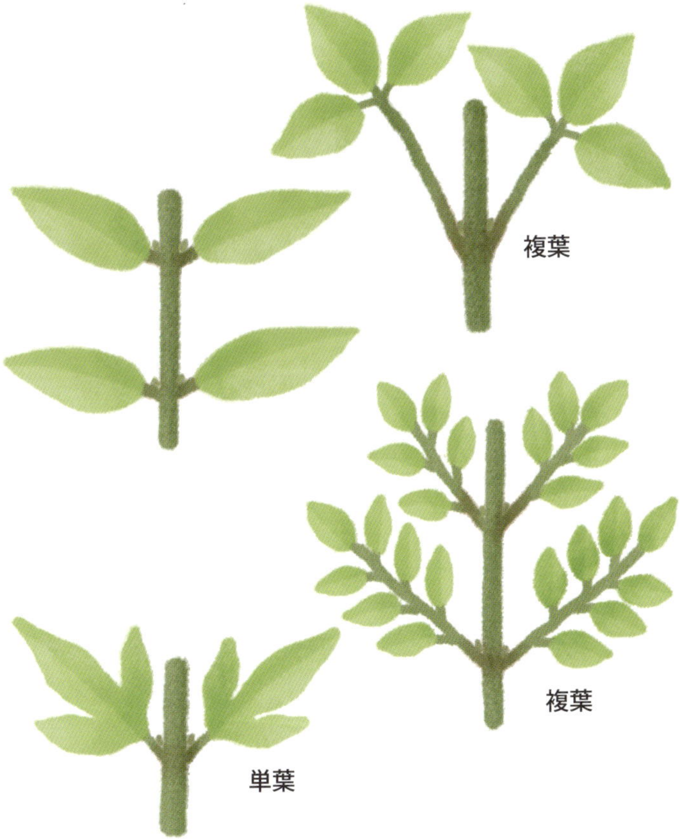

単葉でも複葉でも、茎から向い合って葉が２枚ずつついているものです。なるべく大きな葉に注目して観察します。

複葉では、小葉が《互生》しているものがありますが、例え小葉が互生していても、「複葉全体が茎から向い合ってついている」場合は《対生》を選びます。

木より草の方にやや多く見られます。木ではサンゴジュ、ヒイラギモクセイ、レンギョウなどが、草ではイノコズチ、ハコベ、ホトケノザなどがあります。

葉のつき方

C 輪《りん》生《せい》

大川式形質番号 3503

3枚以上の葉が茎に輪になってついている

３枚以上の葉が、茎に輪になってついているものです。なるべく大きな葉に注目して観察します。

植物学上は《互生》や《対生》でも、葉がつく間隔が詰まって《輪《りん》生《せい》》に見えるものや、根もとが《互生》または《対生》で、先端部が《輪生》という複雑なものもこの形質に含みました。ヤエムグラ、アカネなど、２枚の葉と「葉状たく葉」によって《輪生》のように見えるものもあります。

その他に木の例としてはトベラ、ヒイラギナンテンなどが、草ではスベリヒユ、ツユクサなどがあります。

葉のつき方

D 束《そく》生《せい》

大川式形質番号 3504

２枚以上の葉が茎の１か所についているもので、《輪生》のように輪になっておらず、束のように見えるものです。

植物学上は《互生》や《対生》でも、葉が出る間隔が詰まって《束《そく》生《せい》》に見えるものも本形質に含みます。

木ではアカマツ、カイドウ、ムクゲなどが、草ではイヌホオズキ、ツメクサ、マツバギクなどがあります。

アセビ、シュロ、ヤツデ、ヤマモモなどの木や、ツメクサ、マツバギクなどの草は《束生》のようにも《輪生》のようにも見えるので、大川式検索法では両方の形質に含めます。どちらか一方の形質を選んでも、または両方の形質を選んでもかまいませんが、両方の形質を選んだ方が検索しやすくなります。

葉のつき方

E 根生《こんせい》

大川式形質番号 3505

葉が根もとに
ついている

葉が根もとについているものです。よく見ると《互生》である場合が多いのですが、一見して根もとから直接葉が出ているように見えますので《根生《こんせい》》という形質が独立して用いられます。冬に地表に張りついて葉を広げる「ロゼット葉」も含みます。

木にはない形質です。草では《互生》に次いで多い形質です。オオバコ、セイヨウタンポポ、ヤブランなどがあります。オニタビラコは、根もとは《根生》ですが、茎の先の方は《互生》ですので、どちらか一方の形質を選んでも、両方の形質を選んでもかまいませんが、両方の形質を選んだ方が検索しやすくなります。

葉の匂い

A 葉が匂《にお》う

大川式形質番号 3601

鼻
茎や葉に他の植物と識別できる独特の匂いがある

植物全体が匂うものも、葉だけが匂うものもどちらも選びます。草むら特有の青臭い淡い匂いでなく、独特の強い匂いがあるものです。この形質を持つ植物は少なく、特に木ではまれです。

木より草に多く、木ではゲッケイジュ、サワラ、サンショウなどが、草ではドクダミ、ニラ、フキ、ヘクソカズラ、ミント、ヨモギなどがあります。

花を観察するポイント

花の観察は開いた花でします。ほとんどの花は分解すると外側からほう、がく、花びら、おしべ、めしべというように、異なった部分に分かれており、それらが集まって、全体がひとつの花を作っています。

これに対し、タンポポのように、花を分解してみて同じような構造が見られる場合は、各構造がひとつの花です。つまり、ひとつの花のように見えるのは花の集まり（集合花）ということになります。これはキク科の大きな特徴です。

ただし、大川式検索法では見た目を重視して形質を選択してもかまいませんので、花の集まり全体でみて、花の形を《放射相称》として

合弁花　　離弁花

花びらには、根もとでわかれているものと、わかれていないものがある

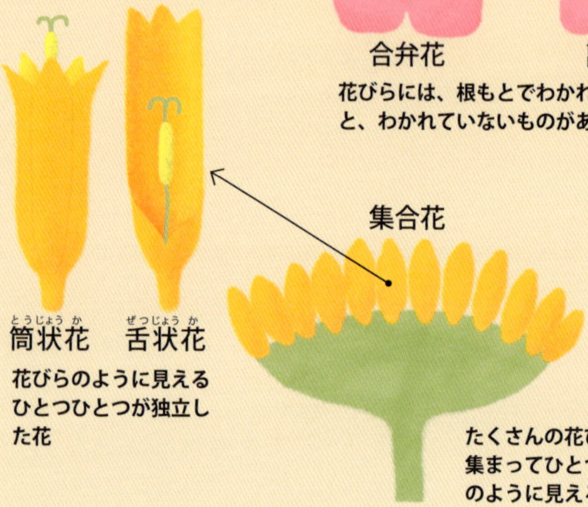

集合花

筒状《とうじょう》花《か》　舌状《ぜつじょう》花《か》

花びらのように見えるひとつひとつが独立した花

たくさんの花びらが集まってひとつの花のように見える

もよいですし、《花びらが 6 枚以上》の形質を選択してもよいようにしています。

植物によっては、「がく」や「ほう」が花びらのように見えたり、花びらがなかったりするものがあります。そのため、花びらの数については、花びらがなくても外側の「がく」や、さらに外側の「ほう」が花びらのように見える場合は、それらを花びらとして数えてもかまいません。

大川式検索法でも、166 形質 2,172 種のデータベースでは《おしべ》、《めしべ》を形質として取上げていますが、本書では扱いません。それは、花を分解してみなければわからないことが多いからです。《茎の切口》観察の注意！ (P30) でも説明したように、植物には貴重なものもありますので、よく見る身近な植物以外では省きます。

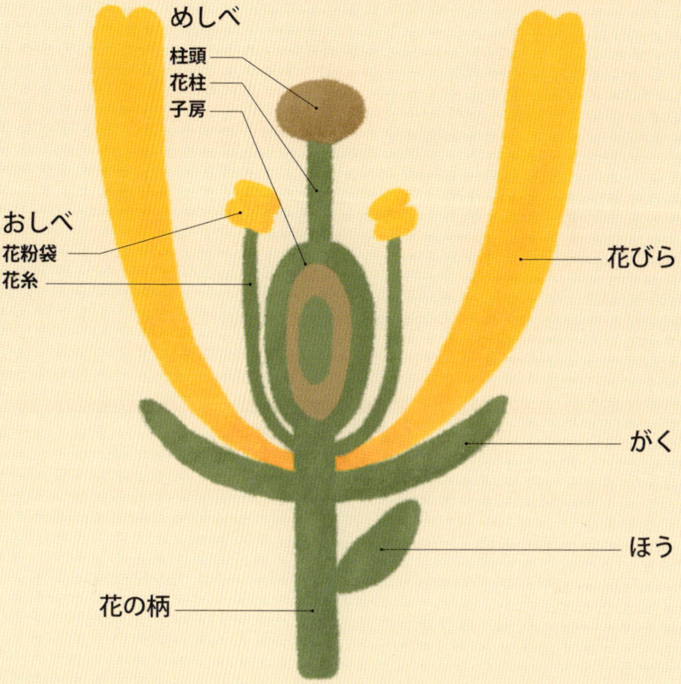
めしべ
柱頭
花柱
子房
おしべ
花粉袋
花糸
花びら
がく
ほう
花の柄

花の色

A 赤の系統（赤・桃・紫）

大川式形質番号 5001

開いた花で観察します。複数の色があるときは、一番目立つ１色を選んでください。赤色の他、桃色、紫色も含みます。木も草も比較的多く見られます。

ソメイヨシノは、花びら１枚を近くで観察すると白色に見えますが、遠くから花全体を観察すると、うっすらとピンクがかって見えますので、《赤の系統》を選びます。

木では他にウメ、ツバキ、バラなどが、草ではイヌタデ、ヒルガオ、ホトケノザなどがあります。

花の色

B 黄の系統（黄・みかん・黄緑・緑・茶）

大川式形質番号 5002

開いた花で観察します。複数の色があるときは、一番目立つ1色を選んでください。黄色の他、みかん色、黄緑色、緑色、茶色も含みます。一般に花の色は《黄の系統》が一番多い形質です。

また、木より草に多く、木ではイヌツゲ、ビョウヤナギ、レンギョウなどが、草ではカタバミ、セイタカアワダチソウ、セイヨウタンポポなどがあります。

花の色

C 青の系統（青・水）

大川式形質番号 5003

開いた花で観察します。複数の色があるときは、一番目立つ１色を選びます。青色の他、水色も含みます。青色の花の植物は極めて少ないです。木ではアジサイが代表的で、草ではオオイヌノフグリ、ツユクサなどがよく目につきます。

開いた花で観察します。他の色はほとんど目立たず、はっきりと《白》と判断できるものです。白い花の植物は、黄色い花の植物に次いで多く見られます。木ではアセビ、クサイチゴ、ヤツデなどが、草ではオオバコ、カラスウリ、ドクダミなどがあります。

A 放《ほう》射《しゃ》相《そう》称《しょう》

大川式形質番号 5101

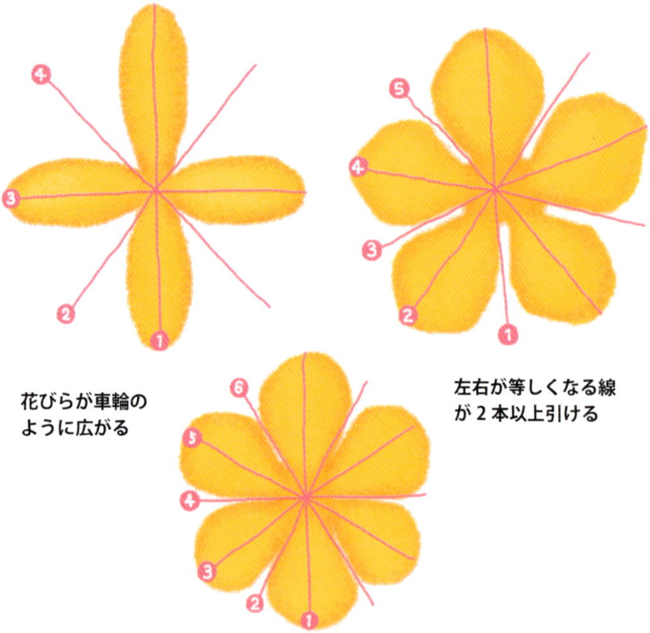
花びらが車輪の
ように広がる
左右が等しくなる線
が 2 本以上引ける

花びらが四方に広がるような形質です。左右が等しくなるように分ける線が２本以上引けます。植物によっては花びらがないものもありますが、その場合は、「がく」または「ほう」で観察します。木、草共に《放射相称》の花は多く見られます。木ではウメ、バラ、ビョウヤナギなどが、草ではナデシコ、ヒルガオ、ヤマユリなどがあります。

大川式検索法では、植物の中には《放射相称》、《左右相称》両方の形質を持つとしたものもあります。例えばセイヨウタンポポなどのキク科の植物は、花びらのように見える小さい１枚の花が植物学上はひとつの独立した「舌状花」で、それがたくさん集まった「集合花」です。そのため植物学上は《左右相称》ですが、集合花全体を見ると《放射相称》に見えるので、両方を含めました。

B 左《さ》右《ゆう》相《そう》称《しょう》

大川式形質番号 5102

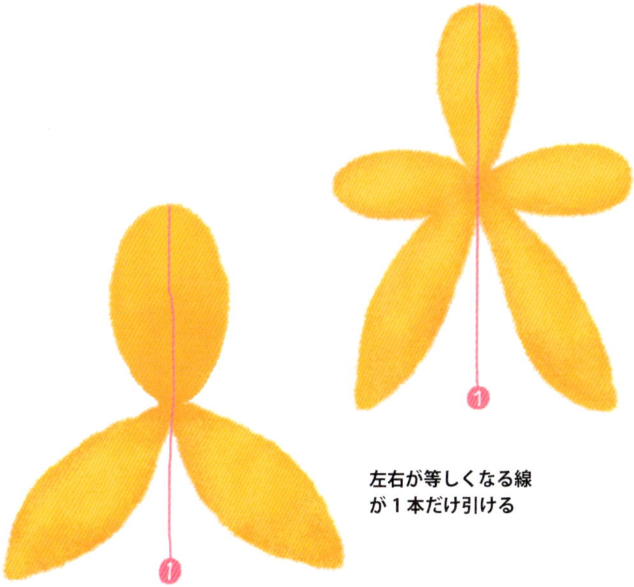

花びらが左右に広がるような形質です。左右が等しくなるように分ける線が１本しか引けないものです。

植物によっては花びらがないものがありますが、その場合は「がく」または「ほう」で観察します。《左右相称》の花は《放射相称》の花に比べると少ないです。特に木では少なく、身近な植物の例としては、マメ科のエンジュくらいです。草ではツユクサ、ホトケノザ、ユキノシタなどがあります。

大川式検索法では、植物の中には《放射相称》、《左右相称》両方の形質を持つとしたものもあります。例えばオオイヌノフグリは、注意深く観察すると《左右相称》であることがわかりますが、一見すると《放射相称》のようにも見え、検索実習では《放射相称》の形質を選ぶ人が多かったので、《左右相称》の形質も含めています。

花の形

C 花びらが4枚以下

大川式形質番号 5103

花びらの数が０枚から４枚のものです。花びらの一部、または全部がくっついているものもあれば、完全に離れるものもあります。植物によっては花びらがないものもありますが、その場合は、「がく」または「ほう」で観察します。

ドクタミの花は４枚の白い花びらを持つように見えますが、植物学上は花びらではなく「ほう」です。大川式検索法は植物に詳しくない人を対象にしていますので、本当の花びらでなくても、花びらのように見えれば「花びら」として観察します。ジンチョウゲも４枚の花びらのように見えるものは「がく」です。

木より草に多い形質で、上記に加えて木ではイヌツゲ、ジンチョウゲ、レンギョウなどが、草ではイヌガラシ、ナズナなどがあります。

D 花びらが5枚

大川式形質番号5104

花びらの数が５枚のものです。花びらの一部、または全部がくっついているものもあれば、完全に離れるものもあります。植物によっては花びらがないものもありますが、その場合は、「がく」または「ほう」で観察します。

木、草を問わず《花びらが５枚》の形質は一番多く、木ではソメイヨシノ、ムクゲ、モッコクなどが、草ではイヌホオズキ、カタバミ、ユキノシタなどがあります。

花びらの数が６枚以上のものです。野生種では《花びらが６枚以上》のものは少ないです。木より草に多い形質です。木ではタイサンボク、ヤブツバキの一部などが、草ではトコロ、マツバギクなどがあります。

セイヨウタンポポなどのキク科の植物は、花びらのように見えるものが、ひとつずつが独立した「舌状花」です。小さい花が集まってひとつの花のように見え、これを「集合花」と呼びます。ひとつの舌状花は５枚の花びらがくっついたものなので、植物学上は《花びらが５枚》に相当します。しかし、集合花をひとつの花と見る人も多いので、大川式検索法では《花びらが６枚以上》の形質にも含めます。

ヤマユリなどのユリ科の花は、花びらが６枚に見えますので、大川式検索法では《花びらが６枚以上》にも含めます。植物学上は花びらに相当するものが内側の３枚で、「がく」に相当するものが外側の３枚です。

実を観察するポイント

《実》は植物学上は「果実」と呼ばれます。つまり《実》という呼び方は略称です。

熟していない実は緑色であることが多いので、熟した実で観察します。個々の実をどういう色に見るかには個人差があり、迷いやすい項目です。なるべく多くの実を観察して、最もよく見られる色を選択します。そして他の形質同様、ＡかＢか迷ったら両方選んでおきましょう。

また、白い実のなる木は園芸品種では比較的多く見られますが、大川式検索法では野生植物を多く取り上げていますので、その中には白い実のなる木は含まれず、草に見られるのみでした。

実の構造は科によって特徴的ですが、花の構造と同様にバラエティ豊かです。ここでは、その構造によって細かく分類せず、《松かさ状の実》、《果実・野菜状の実》、《とげ・はね・長い毛のある実》の３つの形質に分けています。

実を観察する場合も、なるべく採取せずに行いましょう。植物には貴重なものもありますし、植物園や庭では誰かが大事に育てているということを忘れずに観察しましょう。

A 赤の系統（赤・桃・紫）

大川式形質番号 7001

熟した実で観察します。熟していない実は緑色であることが多いからです。複数の色があるときは、一番目立つ１色を選んでください。赤色の他、桃色、紫色も含みます。木も草も比較的多く、特に木では一番目立つ実の色です。紅葉真っ盛りの山で、ナナカマドの赤い実は、ひときわ見事です。

木では他にツルウメモドキ、ナンテン、バラなどが、草ではカラスウリ、ノブドウ、ヘビイチゴなどがあります。

B 黄の系統（黄・みかん・茶）

大川式形質番号 7002

熟した実で観察します。熟していない実は緑色であることが多いからです。複数の色があるときは、一番目立つ１色を選びます。

黄色の他、みかん色、茶色も含みます。木、草共に一番多い実の色です。木ではウメ、シラカシ、モミジイチゴなどが、草ではスベリヒユ、ノブドウ、ヤマノイモなどがあります。

梅酒用などのウメとしてお店で売られている実は緑色ですが、これは熟していないためで、熟すと黄色くなります。

C 青の系統（青・水）

大川式形質番号 7003

熟した実で観察します。熟していない実は緑色であることが多いからです。複数の色があるときは、一番目立つ１色を選びます。

青色の他、水色も含みます。木、草共に最もまれな色です。

木ではシュロ、ヒイラギナンテン、ヒサカキなどが、草ではノブドウなどがあります。

実の色

D 白

大川式形質番号 7004

熟した実で観察します。熟していない実は緑色であることが多いからです。

白い実のなる木は園芸品種では比較的見られますが、大川式検索法で取り上げた植物の中では白い実は草だけに見られ、オニタビラコ、スズメノカタビラ、ノブドウなどがあります。

大川式形質番号 7005

熟した実で観察します。熟していない実は緑色であることが多いからです。黒い実のなる植物は木も草も少ないです。

木ではイヌツゲ、ヒサカキ、ヤツデなどが、草ではイヌホオズキ、ヤブガラシ、ヤブランなどがあります。

マツボックリのように、かわいた硬い実です。木も草も《松かさ状の実》は少なく、特に草ではまれで、ドクダミの他にはあまり見られません。

木ではマツの他、サワラ、メタセコイアなどがあります。

B 果物・野菜状の実

大川式形質番号 7102

リンゴ・ナシ状
ブドウ状
イチゴ状
クリ・ドングリ状
マメ状
ウリ状
ナス・ホオズキ状

リンゴ、ブドウ、イチゴのような果物状の実、キュウリ、ナス、マメのような野菜状の実、クリ、ドングリのような一般的な木の実が含まれます。

木、草ともに多く見られます。木ではウメ、クワ、モミジイチゴなどが、草ではカラスウリ、ノブドウ、ヘビイチゴなどがあります。

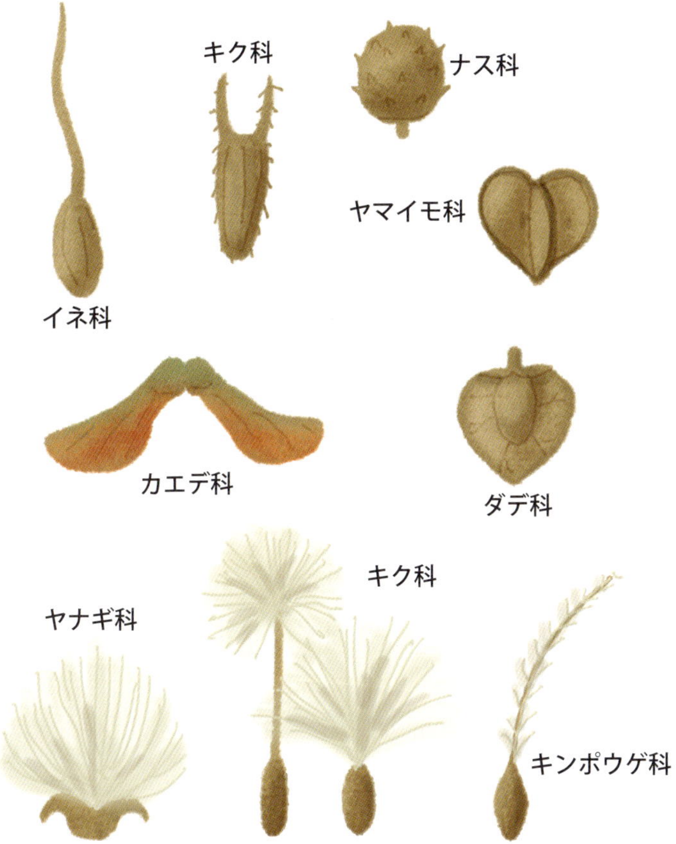
キク科
ナス科
ヤマイモ科
イネ科
カエデ科
ダデ科
キク科
ヤナギ科
キンポウゲ科

ススキなどのように針状の長い《とげ（のぎ）のある実》、オナモミなどのように服につきやすい短い《とげのある実》、イロハモミジなどのように《はねのある実》、タンポポなどのように綿毛のある実がこの形質に含まれます。

木より草に比較的多く見られます。木ではユリノキなどが、草ではギシギシ、トコロ、ヤマノイモなどがあります。

大川式植物形質図鑑

全国で
よく見られる植物

イノコズチ

ヒユ科／イノコズチ属

夏〜秋、枝先に長さ10〜20㎜の緑色の花穂がつく
茎は四角柱状で固く節が膨らみ、ときに赤紫色を帯びる
葉は対生である。枝も対生に出る

実は下向きにつき、衣服などにつきやすい

山野、道ばたなどでよく見られる。別名フシダカは、茎の節が膨らむから。高さ40〜100㎝になる多年草。薬用植物。

茎の形	茎の切口	葉の形	葉の脈	葉の縁	葉のつけね	葉の柄	葉のつき方	葉の匂い	花の色	花の形	実の色	実の形
B	AB	AB	A	B	B	A	B	-	B	ACD	B	C

オオイヌノフグリ

オオバコ科／クワガタソウ属

冬〜早春にかけて、葉のもとから葉より長い柄を出し、青色の花が咲く。花びらは先が深く4裂して、左右相称。花の直径は7〜10㎜
果実は長い柄がつき、イヌノフグリより平たい
葉は下部対生、上部互生
茎の下部は地面をはって先が立ち、長さ10〜40㎝
以前はゴマノハグサ科とされた

ヨーロッパ原産で道ばたなどに多い多年草。名の由来の犬の陰嚢（ふぐり）は在来のイヌノフグリ（絶滅危惧種）の実の形から。

茎の形	茎の切口	葉の形	葉の脈	葉の縁	葉のつけね	葉の柄	葉のつき方	葉の匂い	花の色	花の形	実の色	実の形
BC	A	BF	AB	A	AB	AB	AB	-	AC	ABC	B	BC

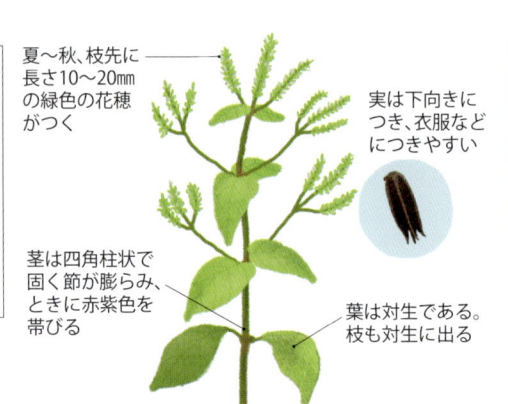

オオバコ

オオバコ科／オオバコ属

日本全国の日当たりのよい場所によく見られる多年草。薬用植物。花穂を根もとから摘み２本を絡めて引っ張り合う遊びに用いられる。

春～秋、茎の先に白色の小さい花を穂状につける。花びらは先が４裂し1つの花の長さは2㎜くらい。紫色の花粉袋が花の外に出て目立つ。果実は卵状長楕円形で長さ約4㎜、横に裂ける
葉は楕円形か卵形で、長さ4～20㎝、幅3～9㎝。やや平行な脈が数本
根生する葉の間から10～50㎝の花茎が立つ。全体にほとんど毛がない

茎の形	茎の切口	葉の形	葉の脈	葉の縁	葉のつけね	葉の柄	葉のつき方	葉の匂い	花の色	花の形	実の色	実の形
B	A	BF	BC	AB	AB	AD	E	-	ABD	AC	B	-

カタバミ

カタバミ科／カタバミ属

道ばたなどに多い多年草。葉にシュウ酸を含んで酸味があり、別名スイモノグサ（酸い物草）。皮膚病に効くとされる。

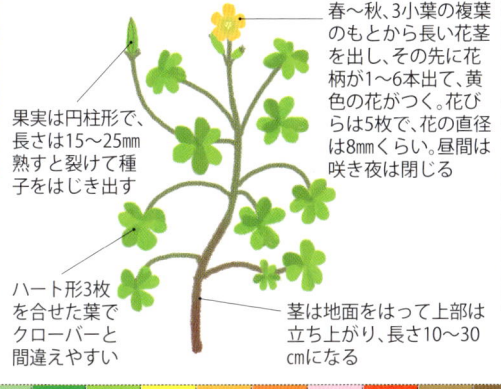

果実は円柱形で、長さは15～25㎜熟すと裂けて種子をはじき出す
春～秋、3小葉の複葉のもとから長い花茎を出し、その先に花柄が1～6本出て、黄色の花がつく。花びらは5枚で、花の直径は8㎜くらい。昼間は咲き夜は閉じる
ハート形3枚を合せた葉でクローバーと間違えやすい
茎は地面をはって上部は立ち上がり、長さ10～30㎝になる

茎の形	茎の切口	葉の形	葉の脈	葉の縁	葉のつけね	葉の柄	葉のつき方	葉の匂い	花の色	花の形	実の色	実の形
BC	A	CF	ABD	B	B	ACD	A	-	B	AD	B	B

カヤツリグサ

カヤツリグサ科／カヤツリグサ属

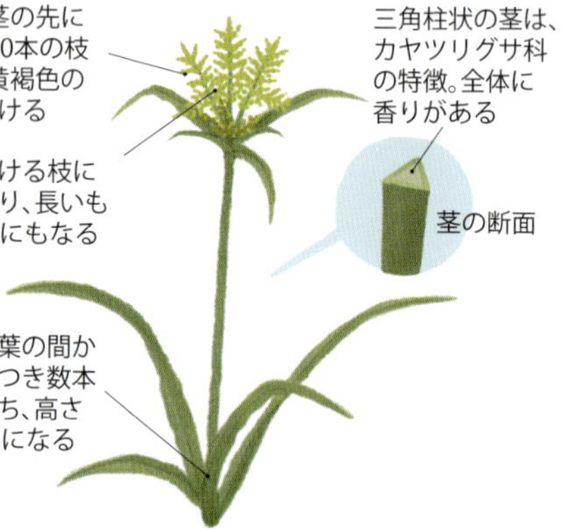

野原の湿地などに多い一年草。別名マスクサ。茎を両端から裂いて蚊帳を吊ったような形を作る遊びがあったことが名の由来。

茎の形	茎の切口	葉の形	葉の脈	葉の縁	葉のつけね	葉の柄	葉のつき方	葉の匂い	花の色	花の形	実の色	実の形
B	C	A	CD	B	B	BD	ACE	A	AB	C	ABE	-

クズ

マメ科／クズ属

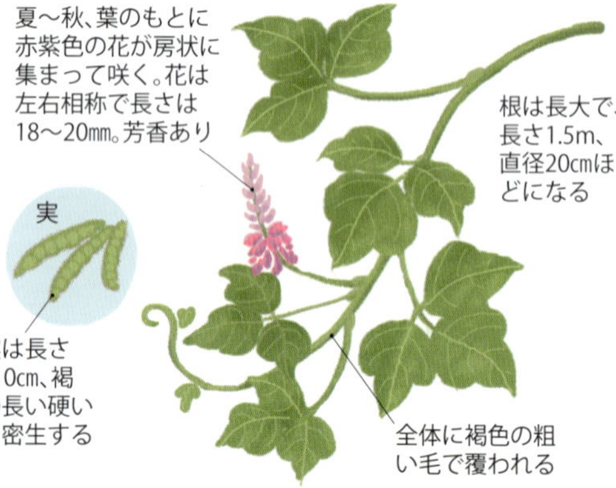

空き地などに多い、大形のつる草の多年草で、長さは10mにもなり、茎の基部は木質になる。根から葛粉を取る。秋の七草のひとつ。

茎の形	茎の切口	葉の形	葉の脈	葉の縁	葉のつけね	葉の柄	葉のつき方	葉の匂い	花の色	花の形	実の色	実の形
BCD	A	CF	AB	B	B	AC	A	-	ACD	BCD	B	BC

ススキ

イネ科／ススキ属

山野の日向に多い。高さ1～2mになる大型の多年草。大きな株を作る。茎の節は目立たない。花穂を尾花と呼び秋の七草のひとつ。

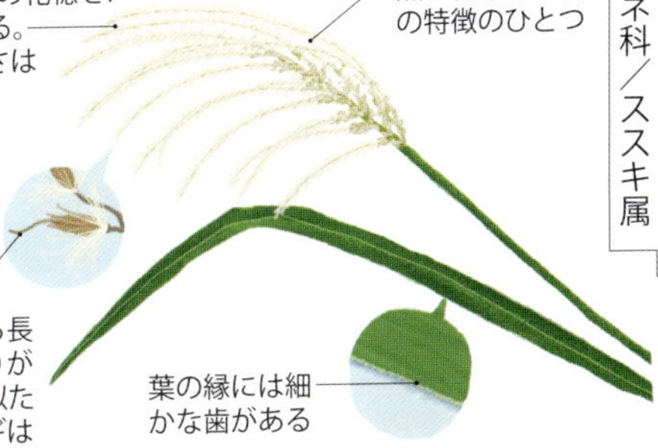

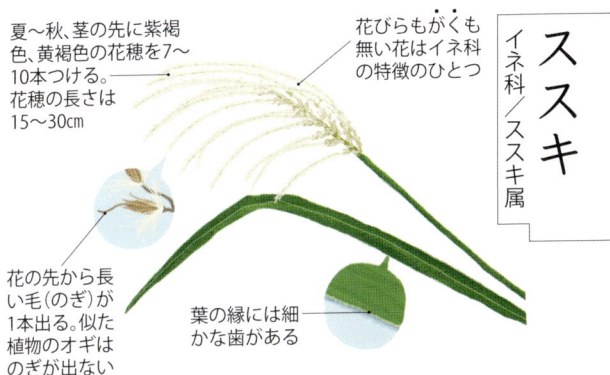

夏～秋、茎の先に紫褐色、黄褐色の花穂を7～10本つける。花穂の長さは15～30cm
花びらもがくも無い花はイネ科の特徴のひとつ
花の先から長い毛（のぎ）が1本出る。似た植物のオギはのぎが出ない
葉の縁には細かな歯がある

茎の形	茎の切口	葉の形	葉の脈	葉の縁	葉のつけね	葉の柄	葉のつき方	葉の匂い	花の色	花の形	実の色	実の形
B	AD	A	C	AB	B	BD	AE	-	ABD	C	ABD	C

セイヨウタンポポ

キク科／タンポポ属

ヨーロッパ原産の多年草。都会や北海道に多いが在来のカントウタンポポなどとも共存。タンポポ類は葉や根を食用・薬用にする。

花の外側のほうがそり返る。在来のカントウタンポポはそり返らない
春～秋、茎の先に花が1つ咲く。昼に集合花が開き、夜に閉じる。花の直径は4～5cm
茎は中空。白い汁が出る
果実の先に白い毛（冠毛）がつく
葉はロゼット状

茎の形	茎の切口	葉の形	葉の脈	葉の縁	葉のつけね	葉の柄	葉のつき方	葉の匂い	花の色	花の形	実の色	実の形
B	ADE	AF	AD	A	AB	ABD	E	-	B	ABDE	ABD	C

タチツボスミレ

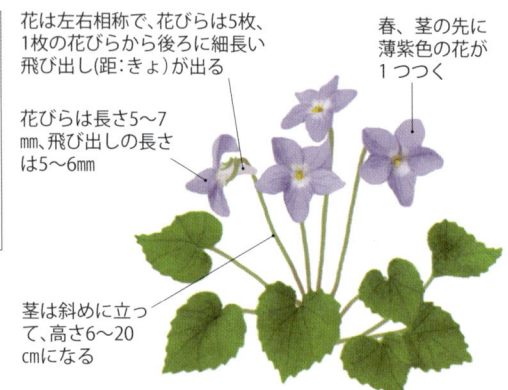

スミレ科／スミレ属

花は左右相称で、花びらは5枚、1枚の花びらから後ろに細長い飛び出し(距：きょ)が出る

花びらは長さ5〜7㎜、飛び出しの長さは5〜6㎜

春、茎の先に薄紫色の花が1つつく

茎は斜めに立って、高さ6〜20㎝になる

スミレで最もよく見る多年草。通常茎、葉に毛は無いが有毛のケタチツボスミレ、花が香るニオイタチツボスミレなどの類似種も多い。

茎の形	茎の切口	葉の形	葉の脈	葉の縁	葉のつけね	葉の柄	葉のつき方	葉の匂い	花の色	花の形	実の色	実の形
BC	A	BF	AB	A	AB	ACD	AE	-	ACD	BD	B	-

ツユクサ

ツユクサ科／ツユクサ属

夏〜秋、葉のもとに、葉状のほうに包まれた花が咲く。花は青色、左右相称で、目立つ花

花びらは2枚が目立つ、直径約12㎜。朝咲いて午後にはしぼむ

果実は白色で多肉、乾いて3裂する

茎の下部は地面をはって上部が立ち、高さ20〜50㎝になる

道ばたなどに多い一年草。古名のツキクサ（着草）は花の色が布などにつきやすいことから。月草とも書く。生薬になる。

茎の形	茎の切口	葉の形	葉の脈	葉の縁	葉のつけね	葉の柄	葉のつき方	葉の匂い	花の色	花の形	実の色	実の形
BC	A	AB	BCD	B	AB	ABD	A	-	CD	BCDE	D	-

ドクダミ

ドクダミ科／ドクダミ属

半日陰などに多い多年草。全体に無毛でなめらか、赤く染まることが多い。強い臭いあり。別名ジュウヤクは生薬名でもある。

春～夏、葉のもとから柄を出して白い花をつける
花びら状の4枚は、「ほう」で、長さ1.5～2㎝。その上に花びらのない小さい薄黄色の花が、長さ1～3㎝の円柱状の穂を作る
葉は独特のハート形

茎の形	茎の切口	葉の形	葉の脈	葉の縁	葉のつけね	葉の柄	葉のつき方	葉の匂い	花の色	花の形	実の色	実の形
B	A	B	AB	B	AB	ACD	A	A	BD	AC	B	AC

ナデシコ

ナデシコ科／ナデシコ属

別名カワラナデシコ、ヤマトナデシコ。各地の山野などによく見られる多年草。秋の七草のひとつ。

夏～秋、葉のもとから柄が出て、先に大きな花を開く。花びらは５枚で、薄赤紫色、ときに白色。花の直径は4～5㎝
果実は円柱形で、先が４つに裂ける
葉は線形、葉のもとは対生する２葉がつながって茎を抱く
茎は直立して上部は枝が分かれ、高さ30～100㎝になる。全体に白みを帯びる

茎の形	茎の切口	葉の形	葉の脈	葉の縁	葉のつけね	葉の柄	葉のつき方	葉の匂い	花の色	花の形	実の色	実の形
B	A	A	CD	B	B	BD	B	-	AD	AD	B	-

ヒメジョオン

キク科／ムカシヨモギ属

つぼみは上向き
茎は中空でない
葉のもとは茎を抱かない
夏〜秋、茎の先に、外側が白か薄紫色で中心部が黄色の花が集まって咲く。頭花の直径は約2cm。
果実の先に冠毛がつく
高さ30〜150cmになる

北米原産。道ばたに多い一年草。よく似たハルジオンは花期が春、つぼみは下向き、茎が中空、葉のもとが茎を抱くことで区別する。

茎の形	茎の切口	葉の形	葉の脈	葉の縁	葉のつけね	葉の柄	葉のつき方	葉の匂い	花の色	花の形	実の色	実の形
B	A	ABF	AD	AB	B	AB	AE	-	ABD	ABDE	BD	C

ヒルガオ

ヒルガオ科／ヒルガオ属

春〜夏、葉のもとから長い柄を出して花をつける
通常実はならないが、まれに結実する
花はロート状で、薄赤色、直径3〜6cm
葉は馬の顔に似た形

道ばたなどでよく見られる、つる性の多年草。アサガオと異なり、昼になっても花がしぼまないことから命名。薬用植物。

茎の形	茎の切口	葉の形	葉の脈	葉の縁	葉のつけね	葉の柄	葉のつき方	葉の匂い	花の色	花の形	実の色	実の形
BC	AE	ABF	AB	B	A	A	A	-	AD	ACD	B	-

ヘビイチゴ

バラ科／キジムシロ属

道ばた、野原などに多い多年草。実に毒は無いが、味もなく食用には適さない。薬効があるとされる。

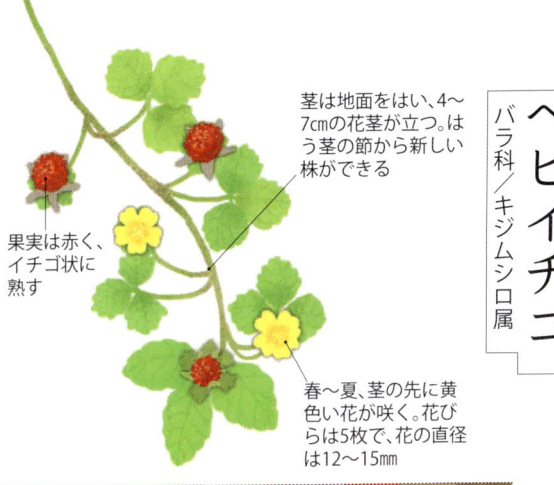

果実は赤く、イチゴ状に熟す
茎は地面をはい、4～7cmの花茎が立つ。はう茎の節から新しい株ができる
春～夏、茎の先に黄色い花が咲く。花びらは5枚で、花の直径は12～15mm

茎の形	茎の切口	葉の形	葉の脈	葉の縁	葉のつけね	葉の柄	葉のつき方	葉の匂い	花の色	花の形	実の色	実の形
BC	A	CF	A	A	B	ACD	AE	-	B	AD	A	B

ホトケノザ

シソ科／オドリコソウ属

道ばたなどによく見られる一、二年草。春の七草のひとつに含まれるホトケノザは、キク科のタビラコのことで、これとは異なる。

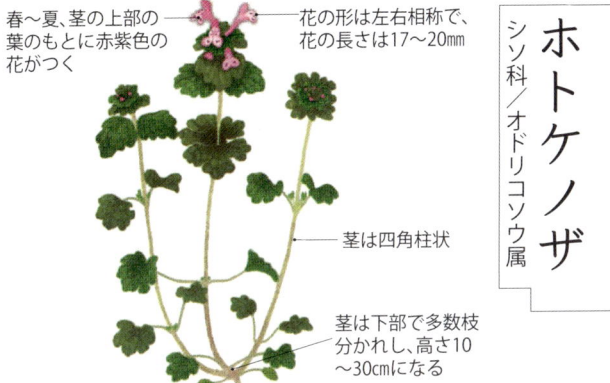

春～夏、茎の上部の葉のもとに赤紫色の花がつく
花の形は左右相称で、花の長さは17～20mm
茎は四角柱状
茎は下部で多数枝分かれし、高さ10～30cmになる

茎の形	茎の切口	葉の形	葉の脈	葉の縁	葉のつけね	葉の柄	葉のつき方	葉の匂い	花の色	花の形	実の色	実の形
BC	BD	BF	AB	A	AB	ABD	B	-	A	BCD	B	-

アカマツ

マツ科／マツ属

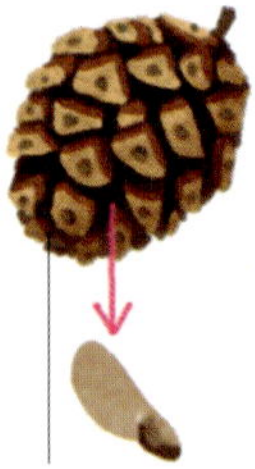

実は木質で硬く、卵状円錐形、長さは4〜6㎝、直径は約3㎝。種子に羽がつく

4月に新しい枝の頂上に2〜3個の紫色の雌花をつける。その下部に楕円状の雄花が群生する

葉は2本が対になって出る。基部は褐色の膜状のさやに囲まれる

丘陵から山地によく見られ、庭にも植えられる常緑高木。樹皮が赤みを帯びる。雌雄同株。松ヤニは滑り止めなど広く利用される。

茎の形	茎の切口	葉の形	葉の脈	葉の縁	葉のつけね	葉の柄	葉のつき方	葉の匂い	花の色	花の形	実の色	実の形
A	A	A	D	B	B	BD	AD	A	AB	C	B	AC

イチョウ

葉脈は何回か2分枝を繰り返し、平行に走る

葉は長枝では互生し、短枝では群がっている。扇形で、幼木では中央の切れこみが深いが、成木では浅く、ときには無くなる

実は熟すると黄色く多肉で悪臭がある。内部の硬い皮を持つ実が食用になる銀杏である

花は4月に新しい葉と共に出る。雄花は9月に精子を出して受精する

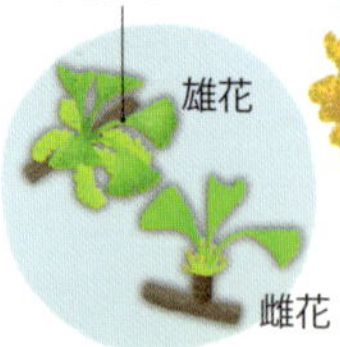

中国原産の落葉高木。野生では絶滅したが、人の手で守られてきた。雌雄異株。明治期に日本人が初めてイチョウの精子を発見した。

茎の形	茎の切口	葉の形	葉の脈	葉の縁	葉のつけね	葉の柄	葉のつき方	葉の匂い	花の色	花の形	実の色	実の形
A	A	BF	BC	A	AB	A	AD	-	B	C	B	B

イロハモミジ

カエデ科／カエデ属

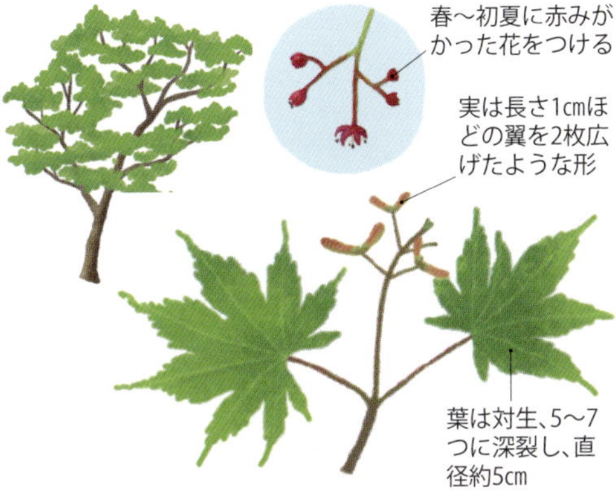

春～初夏に赤みがかった花をつける
実は長さ1cmほどの翼を2枚広げたような形
葉は対生、5～7つに深裂し、直径約5cm

別名イロハカエデ、タカオモミジ。本州から九州まで広く山地に生え、庭にもよく植えられる落葉高木。

茎の形	茎の切口	葉の形	葉の脈	葉の縁	葉のつけね	葉の柄	葉のつき方	葉の匂い	花の色	花の形	実の色	実の形
A	A	BF	B	A	AB	A	B	-	A	AD	AB	C

ウツギ

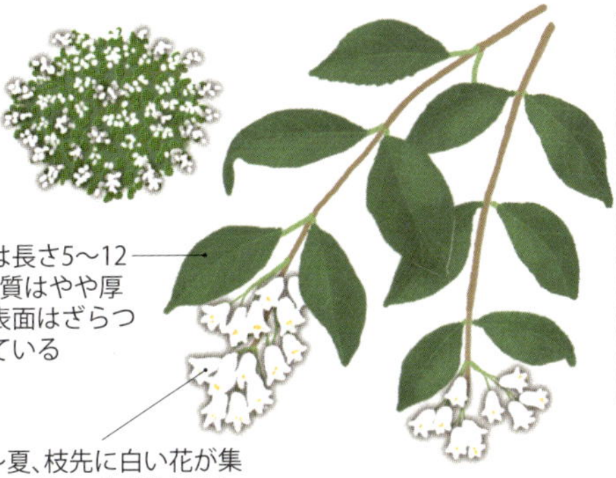

葉は長さ5～12cm、質はやや厚く表面はざらついている
春～夏、枝先に白い花が集まって咲く。花びらは5枚、花の直径は1cmくらい

茎が中空であることから空ろ木→ウツギ。別名ウノハナ。山野や水辺など日の当たる場所に生える高さ2～5mの落葉樹。薬用植物。

茎の形	茎の切口	葉の形	葉の脈	葉の縁	葉のつけね	葉の柄	葉のつき方	葉の匂い	花の色	花の形	実の色	実の形
A	AD	AB	A	A	B	A	B	-	D	AD	B	C

キンモクセイ

モクセイ科／モクセイ属

9〜10月、葉のつけねに花柄のある小さい花が束生し、強い香りがある。花びらは4つに深裂する

葉は長さ5〜9㎝、質は厚く裏面はやや黄色味を帯びる

中国原産で、庭によく植えられる、高さ4mくらいになる常緑樹。雌雄異株で、日本では雄株のみ。花茶などに用いられる。

茎の形	茎の切口	葉の形	葉の脈	葉の縁	葉のつけね	葉の柄	葉のつき方	葉の匂い	花の色	花の形	実の色	実の形
A	A	AB	A	AB	B	A	B	-	B	AC	-	-

クコ

ナス科／クコ属

夏〜秋、葉のもとから細い柄を出し、直径1㎝くらいの薄紫色の花をつける。果実は楕円形で長さ1.5〜2㎝、赤く熟してすべすべしている

川原や荒地などに見られる、高さ1〜2mの落葉低木。多数群がって生え、しばしばトゲ状の小枝が出る。茶や生薬などに利用される。

茎の形	茎の切口	葉の形	葉の脈	葉の縁	葉のつけね	葉の柄	葉のつき方	葉の匂い	花の色	花の形	実の色	実の形
AD	A	AB	AD	B	B	AB	AD	-	A	AD	A	B

クルメツツジ

ツツジ科／ツツジ属

代表的なツツジの園芸品種。母種は九州の高山のミヤマキリシマ、鹿児島固有のサタツツジ、各地の山野に自生するヤマツツジ。

葉は互生し、枝先に集まる
花は5〜7月、花びらは5裂し、直径は3.5〜5cm

枝は下部から分かれる

茎の形	茎の切口	葉の形	葉の脈	葉の縁	葉のつけね	葉の柄	葉のつき方	葉の匂い	花の色	花の形	実の色	実の形
A	A	B	A	B	B	AB	ACD	-	AD	ABD	B	-

ジンチョウゲ

ジンチョウゲ科／ジンチョウゲ属

中国原産で庭によく植えられる常緑低木。雌雄異株で日本ではほとんどが雄株だが、まれに赤い実をつける雌株がある。

葉は互生し、短柄、長さ4〜8cm、質が厚い
3〜4月、花が頭状に枝先に集まって咲き、強く香る

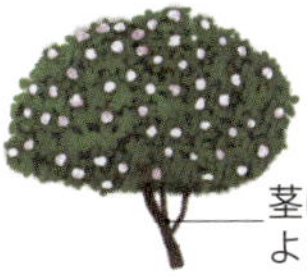

茎は直立し、よく分枝する

茎の形	茎の切口	葉の形	葉の脈	葉の縁	葉のつけね	葉の柄	葉のつき方	葉の匂い	花の色	花の形	実の色	実の形
A	A	AB	AD	B	B	AB	AC	-	AD	ABC	A	B

ソメイヨシノ

バラ科／サクラ属

葉は秋に黄色く紅葉する
4月初め、葉が出るより先に密集した淡紅白色の数個の花が開く。花びらは5枚、花柱には微毛がある

実はさくらんぼ状の球形で、直径7～8㎜、紫黒色に熟し、多汁

庭園などによく植えられる落葉高木。江戸末期に東京の染井の植木屋から広がった。ウバヒガンとオオシマザクラの交配種とされる。

茎の形	茎の切口	葉の形	葉の脈	葉の縁	葉のつけね	葉の柄	葉のつき方	葉の匂い	花の色	花の形	実の色	実の形
A	A	B	A	A	B	ACD	AD	-	A	AD	AE	B

ツバキ

ツバキ科／ツバキ属

花は2～4月、枝先に1～2個の花をつける。花びらは5枚で長さ3～5㎝
葉は互生し、長さ6～12㎝

果実は無毛で光沢がある

成木は全体に無毛、幹は滑らか

別名ヤブツバキ、ヤマツバキ。全国の海岸や山地に生え、園芸品種も多く庭によく植えられる常緑高木。種子から良質の油が取れる。

茎の形	茎の切口	葉の形	葉の脈	葉の縁	葉のつけね	葉の柄	葉のつき方	葉の匂い	花の色	花の形	実の色	実の形
A	A	B	A	A	B	A	A	-	AD	ADE	B	-

ノイバラ

バラ科／バラ属

別名ノバラ。山野、川岸によく見られる。直立または斜めに立ち、高さ 2m ほどの落葉小低木。枝には鋭いとげが多い。薬用になる。

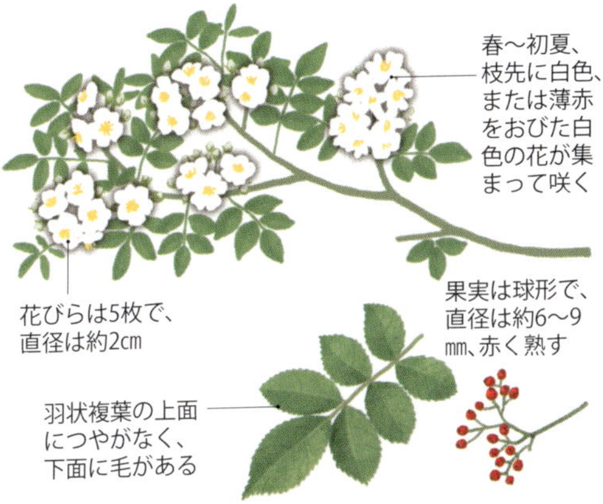

春～初夏、枝先に白色、または薄赤をおびた白色の花が集まって咲く
花びらは5枚で、直径は約2cm
果実は球形で、直径は約6～9mm、赤く熟す
羽状複葉の上面につやがなく、下面に毛がある

茎の形	茎の切口	葉の形	葉の脈	葉の縁	葉のつけね	葉の柄	葉のつき方	葉の匂い	花の色	花の形	実の色	実の形
ACD	A	D	A	A	B	ACD	AD	-	AD	AD	A	B

ハギ

マメ科／ハギ属

自生種、栽培種とも多数あるが通常はヤマハギを指す。山野に広く分布。落葉低木。多くの細かい枝を出す。薬用になる。

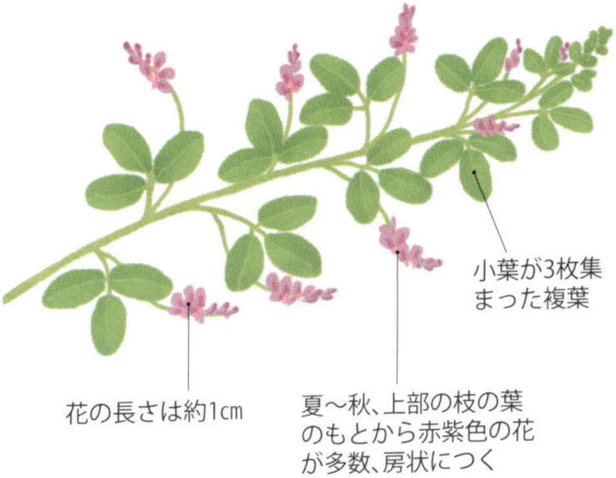

小葉が3枚集まった複葉
花の長さは約1cm
夏～秋、上部の枝の葉のもとから赤紫色の花が多数、房状につく

茎の形	茎の切口	葉の形	葉の脈	葉の縁	葉のつけね	葉の柄	葉のつき方	葉の匂い	花の色	花の形	実の色	実の形
A	A	C	A	B	B	AC	AD	-	A	BCD	B	B

ムクゲ

アオイ科／フヨウ属

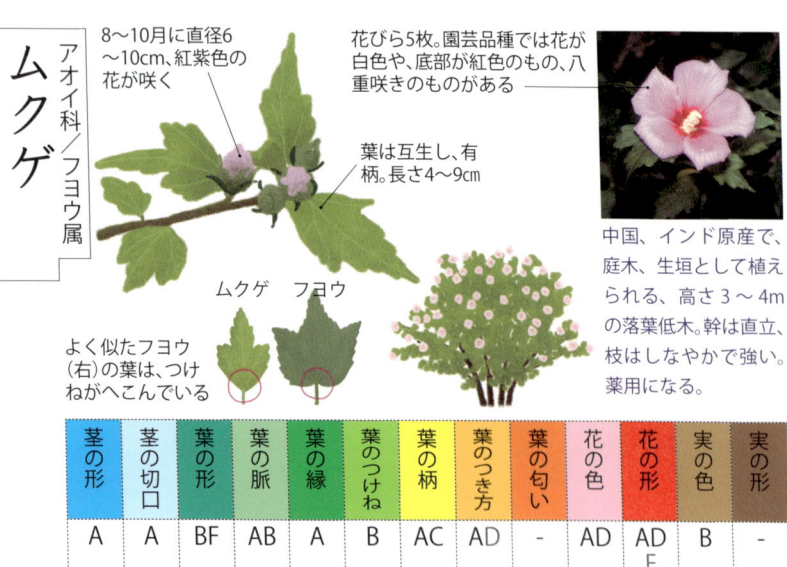

8〜10月に直径6〜10cm、紅紫色の花が咲く

葉は互生し、有柄。長さ4〜9cm

花びら5枚。園芸品種では花が白色や、底部が紅色のもの、八重咲きのものがある

中国、インド原産で、庭木、生垣として植えられる、高さ3〜4mの落葉低木。幹は直立、枝はしなやかで強い。薬用になる。

よく似たフヨウ（右）の葉は、つけねがへこんでいる

茎の形	茎の切口	葉の形	葉の脈	葉の縁	葉のつけね	葉の柄	葉のつき方	葉の匂い	花の色	花の形	実の色	実の形
A	A	BF	AB	A	B	AC	AD	-	AD	ADE	B	-

ヤツデ

ウコギ科／ヤツデ属

葉は枝先に集まって互生し、長い柄があり、厚く無毛

茎は基部から数本集まって出て、まばらに分枝する

果実は球形で、翌春に黒く熟す

10〜11月に球状の花が咲く

名の由来は多数の葉の切れこみを数字の8で表したもの。温暖な海岸の林に生えるが、庭によく植えられる常緑低木。薬効あり。

茎の形	茎の切口	葉の形	葉の脈	葉の縁	葉のつけね	葉の柄	葉のつき方	葉の匂い	花の色	花の形	実の色	実の形
A	A	BF	B	A	A	AD	ACD	-	D	AD	E	B

形質の解説

ここでは、形質図鑑の形質表の中で、ひとつの形質に複数の記号が入っている部分について、どの形質が正しいのかを解説します。

項目《葉の形》で、《細長い》、《細長くない》は、大川式で独自に設けた形質です。葉の長さが幅の3倍以上あるかどうかで分けましたので、細長いかどうか、ということ自体がある意味では見た目の形質と言えます。

項目《葉の脈》で、最も典型的な網状《もうじょう》脈《みゃく》を、植物に詳しくない人でもわかりやすいように《A 魚の骨状》と名づけました。網状脈の中で、掌《しょう》状脈は特徴的な形状でよく見られるものなので、《B てのひら状》とわかりやすく言い換えて独立させました。したがって《A 魚の骨状》、《B てのひら状》は、どちらにも見えるものが比較的多いと思われます。

《D 中央に1本》は単一脈と呼ばれるものですが、網状脈でも中央1本が目立つものは、検索実習で単一脈によく間違えられたため、中央1本が目立つ網状脈は《A 魚の骨状》とともに《D 中央に1本》を加えました。

イノコズチ

《葉の形》の《A 細長い》、《B 細長くない》は、ちょうど定義の中間ほどなので、双方を取りました。

《茎の切口》は大部分は一般的な植物図鑑に記載されている通り《B 四角形》ですが、茎の基部のように《A 円形》に見える部分もあり、A が見た目の形質です。

《花の形》では、花被片が5枚なので、《D 花びら5枚》が正確な形質です。ただし花被片が緑色なので、がくが5枚で花びらが無いとも見えますので、見た目の形質として花びら0枚の《C 花びらが4枚以下》も含めました。

オオイヌノフグリ

《葉の脈》は A、B どちらの特徴も持ちます。

《葉のつけね》も A、B どちらの特徴も持ちます。

《花の色》は図鑑の記載では《C 青の系統》ですが、土壌により、多少赤みがかかることがあります。以前はゴマノハグサ科とされていました。

オオバコ

《葉の脈》の正しい形質は《C 平行脈》ですが、見た目から《B てのひら状》も選びました。《葉のつけね》は図鑑の記載は《A へこんでいる》ですが、見た目から《B へこんでない》と取る人が多くいました。

《花の色》の正しい形質は《B 黄》、《D 白》ですが、花冠より飛び出した赤紫色の雄しべが目立ち、全体に赤味がかかって見えるため《A 赤》と取る人が多くいました。

カタバミ

《葉の脈》は網状脈なので、《A 魚の骨状》、《B てのひら状》双方の形質を取りましたが、実際には中央に1本が目立つため《D 中央に1本》も取りました。

カヤツリグサ

《茎の切口》の《C 三角形》はカヤツリグサの特徴です。

《葉のつき方》の正しい形質は《E 根生》が主で、上部は《A 互生》。花の基部にある細長い緑色の「ほう」が3～5枚見られ、これが輪生葉に見えるので、《C 輪生》も含めました。

《葉の脈》は《C 平行脈》が正しいのですが、見た目から《D 中央に1本》も取りました。

《花の色》の正しい形質は黄褐色で、見た目に赤の系統、黄の系統双方が取れるため、《A 赤の系統》、《B 黄の系統》双方としました。

《花の形》では花は花穂《かすい》と呼ばれ、通常の花びらは見られないため、《C 花びらが4枚以下》としました。

クズ

《葉の脈》は網状脈で、《A 魚の骨状》、《B てのひら状》双方のように見えます。

マメ科なので《花の形》は《D 花びら5枚》が正しいのですが、小さい2枚が合わさって1枚のように見えるので、《C 花びらが4枚以下》も取りました。

ススキ

《葉の縁》の正しい形質は細歯があるので、《A 歯がある》なのですが、見た目から《B 歯がない》も取りました。

《葉のつき方》の正しい形質は《A 互生》ですが、見た目から《E 根生》と取る人が多くいました。

セイヨウタンポポ

《葉の柄》は《A 柄がある》が正しいのですが、見た目から《B 柄がない》、《D さや・

茎をだく》も選んでいます。

《花の形》では舌状花なので、《B 左右相称》、《D 花びら 5 枚》が正しい形質ですが、集合花を 1 つの花と取る人が多く《A 放射相称》、《E 花びら 6 枚以上》も含めています。

タチツボスミレ

《茎の形》の《C つる》は、類縁のコタチツボスミレに匍匐《ほふく》性があることから含めました。

《葉の形》は、たく葉がかなり大きく目立ち、切れこみに見えることもあるので、《F 切れこみ》も含めました。《葉のつけね》の《B へこんでいない》も同様に、葉ではなくたく葉の形状から含めました。

《葉の柄》の《D さや・茎をだく》もたく葉の形状です。

《花の色》の《D 白》は、群生の中に類縁のシロバナタチツボスミレが紛れることが多いので、見た目の形質に含みました。

ツユクサ

《葉の形》の《A 細長い》、《B 細長くない》は、ちょうど定義の中間ほどなので、双方を取りました。

《葉の脈》の正しい形質は《C 平行脈》ですが、見た目から《B てのひら状》、《D 中央に 1 本》と取る人が多くいました。

《葉の柄》では、《A 柄がある》、《D さや・茎をだく》が正確な形質ですが、柄が短く、《B 柄がない》を取る人も多かったので、B を含めました。

《花の形》は花びら 3 枚なので《C 花びらが 4 枚以下》の《B 左右相称》が正しい形質ですが、2 枚が大きく目立つので、2 枚と取る人がいます。また、外側のがくが 3 枚あるのですが、小さい花びらと大きさ・形状がよく似ており、花びらと見る人もいたので、《E 花びら 6 枚以上》の形質を取りました。そして、2 枚の花びらが大きく目立つので、大きな 2 枚の花びらとがく 3 枚を合わせて 5 枚と取る人もいて、《D 花びらが 5 枚》も加えました。つまり、正確な形質が B、C で、見た目の形質が D、E となります。

ドクダミ

《花の形》では、花びらのように見えるのは総苞片《そうほうへん》で、見た目には花びら 4 枚のようにみえます。正確には花びらを持たない無花被花《むかひか》なので、花びら 0 枚です。大川式では花びら 0 ～ 4 枚をひとつの形質として《C 花びらが 4 枚以下》に扱いますので、この形質 C は正確でもあり、見た目の形質でもあります。

同様に《A 放射相称》についても、見た目の総苞片を含めた形からも、花穂を構成する小花双方が当てはまりますので、この形質 A は正確でもあり見た目の形質でもあります。

ナデシコ

ナデシコはわかりやすい形質で、見た目の形質はありません。

ヒメジョオン

《葉の形》の《A 細長い》、《B 細長くない》はちょうど定義の中間ほどなので、A、B 双方を含めました。《葉の脈》は《A 魚の骨状》が正しいのですが、見た目から《D 中央に 1 本》も取りました。

《花の形》では、ヒメジョオンは筒状花・舌状花双方を持ちます。白い部分は舌状花で、通常 100 個ほど見られます。舌状花も筒状花も先端が 5 裂しており、花びら 5 枚と考えます。

舌状花は《B 左右相称》、筒状花は《A 放射相称》です。また、花全体をみて《A 放射相称》とも取れます。つまり、《A 放射相称》は正確でもあり見た目の形質でもあります。

《B 左右相称》、《D 花びら 5 枚》は正確な形質、《E 花びら 6 枚以上》は見た目の形質です。

ヒルガオ

《葉の形》の《A 細長い》、《B 細長くない》はちょうど定義の中間ほどなので、A、B 双方を含めました。

《花の形》は図鑑の記載では《D 花びら 5 枚》となりますが、ほとんど切れ目がわからず、見た目から 1 枚のようにも見えますので、《C 花びらが 4 枚以下》も含めました。

ヘビイチゴ

《葉のつき方》の正しい形質は《A 互生》です。茎が根生して出るのが、根生葉に見えるので、見た目の形質として《E 根生》も取りました。

ホトケノザ

《花の形》は唇形で《B 左右相称》は正しい形質です。花びらの数ははっきりせず、上唇 1 枚、下唇 3 枚と見て花びら 4 枚と見る人が多いので《C 花びらが 4 枚以下》も取りました。また、がくが 5 枚あるので《D 花びら 5 枚》も含めました。

アカマツ

《葉のつき方》では、見た目から《A 互生》を含めました。

《花の色》は雌花が紫色で《A 赤の系統》ですが、雄花は黄色い花粉が目立つので、見た目から《B 黄の系統》も含めました。A が正しい形質です。

イチョウ

《葉の脈》の正しい形質は二叉脈という、原始的な植物に特有な葉脈です。大川式の形質にはありませんので、見た目から《B てのひら状》、《C 平行脈》としました。そのため、どちらも見た目の形質です。

《葉のつけね》は《A へこんでいる》、《B へこんでいない》双方が観察されます。

イロハモミジ

モミジはわかりやすい形質で、見た目の形質はありません。

ウツギ

《葉の形》の《A 細長い》、《B 細長くない》は、ちょうど定義の中間ほどなので、双方を取りました。

《実の形》は残った花《か》柱《ちゅう》がとげのように見えるので、《C とげ・はね》を加えました。C は見た目の形質です。

キンモクセイ

《葉の形》の《A 細長い》、《B 細長くない》はちょうど定義の中間ほどなので、A、B 双方を含めました。

クコ

《葉の形》の《A 細長い》、《B 細長くない》は、ちょうど定義の中間ほどなので、双方を取りました。

《葉の柄》は正しくは《A 柄がある》ですが、柄が短く、《B 柄がない》を取る人も多かったので、B も含めました。

《葉の脈》は《A 魚の骨状》が正しいのですが、見た目から《D 中央に 1 本》も取りました。

クルメツツジ

《葉の柄》は非常に短いので、正しい形質は《A 柄がある》ですが、見た目から《B 柄がない》も含めました。

《葉のつき方》の正しい形質は《A 互生》ですが、見た目に《C 輪生》、《D 束生》のように密集してつくので、C、D も含めました。

《花の形》の正しい形質は《B 左右相称》ですが、見た目から《A 放射相称》も含めました。

ジンチョウゲ

《葉の形》の《A 細長い》、《B 細長くない》はちょうど定義の中間ほどなので、A、B 双方を含めました。

《葉の柄》は非常に短いので、正しい形質では《A 柄がある》ですが、見た目から《B 柄がない》も含めました。

《葉のつき方》の正しい形質は《A 互生》ですが、輪状に密生するので、見た目から《C 輪生》も含めました。

《花の形》で、花びらのように見えるがくは 4 枚で、相対する 2 枚に長短があり、対称軸が 2 本取れるので、定義から《A 放射相称》が正しい形質ですが、完全な放射形ではないので、見た目から《B 左右相称》も選びました。

ソメイヨシノ

《葉のつき方》の正しい形質は《A 互生》ですが、見た目からは密生して《D 束生》のようにも見えます。

ツバキ

花びらの数は基本的には 5 枚ですが、変異もよく見られ、また街なかに八重咲きの園芸品種も多いため、《E 花びら 6 枚以上》も含めました。

ノイバラ

《葉のつき方》は、正しくは《A 互生》で、見た目が《D 束生》です。

ハギ

マメ科なので《花の形》は《D 花びら 5 枚》ですが、花びらの数は分解して調べることが難しいので、全体で 1 枚とみてもよいし、がくをみて、ヤマハギは 4 枚なので、《C 花びらが 4 枚以下》を含めました。

ムクゲ

《花の形》は、街なかに八重咲きが多いので、《E 花びら 6 枚以上》も含めました。

《葉のつき方》で、《A 互生》が正しい形質で、《D 束生》は見た目の形質です。

ヤツデ

《葉のつき方》の正しい形質は《A 互生》ですが、見た目には葉が密集しているので《C 輪生》、《D 束生》とも取れます。

草木の名前を調べよう！

植物検索
ワークショップ
マニュアル

ワークショップの準備

ここでは、植物観察・検索のワークショップをしてみたいとお考えの方に、私が行った学校での実習をもとにして、準備と進め方について説明しましょう。以下に注意して、楽しいワークショップを行って下さい。

＊フィールドとは野外で実習を行う場所をさします。教材・教具は「大川式植物検索カード」もしくは「大川式植物検索法プログラムを用いたコンピュータ」をさします。また《》の単語は大川式の形質です。

まず、名前を覚える

植物観察・検索のワークショップを担当する人は、まず植物の名前を覚えなければなりません。

そのために最もよい方法は、自然観察会へ参加することです。植物の専門家のもとで、名前や観察方法を直接教えてもらう方法が確実です。それに、指導者としての様々な質問にも答えて頂けますので、知識を得るにはこれが一番です。

こうした機会に恵まれない方は、植物図鑑などを用いて自学自習しましょう。しかし、この場合でも最終的に、自分の観察した植物に間違いがないか、植物に詳しい人から確認をとることが必要になります。

植物以外にも目を向ける

フィールドに出たら、地形や地質、野鳥や昆虫など、植物以外の自然にも目を向け、自然全般に対する関心を高めましょう！

何故なら、植物はそれらのものと無関係ではないからです。植物の性質は非常に多様で、日射や湿度など好みによって生える地形や条件が異なりま

す。また、鳥や昆虫は特定の植物を食べたり、種や花粉を運んだりしますので、そうした関連性を学ぶことも大切です。

どこで行うか

最もワークショップを行いやすい場所は学校の教室など室内です。天候や事故などのリスクが少なく、落ち着いた実習ができます。

どんな室内でもかまいませんが、学校なら理科室のような場所が理想です。理科室には大きな机がありますので、観察する植物を並べたり、教材・教具を置いたりするのに好都合です。

フィールドでワークショップを行う場合は、野草や植え込みの木の多い場所を選びます。できるだけ人通りの少ない場所がよいでしょう。

時間的に可能なら近くの公園や川原などへ出るのもよいでしょう。正味50分の時間であれば、30分くらい実習できればよしとします。

日曜日など､休日が利用できるなら、希望者を募って低い山に登ったり、広い川原に出るのもよいでしょう。

観察する植物を決める

観察の対象植物は、花が咲いて実ができる「種子植物」がよいでしょう。種子植物は現在の地球上で最も進化し、多くの場所に生育し、実習材料として事欠くことがないからです。現在、私たちの目につく植物の大部分が種子植物と言っても過言ではありません。

最初のワークショップでは、形質を調べやすい植物を指導者が用意しましょう。

参加者自身が検索のための植物を決めて実習することができれば理想的ですが、１回目からそのような方法をとると、指導者は参加者が選んだ各個別の植物の説明に時間を取られてしまいます。そのため､全体でのワークショップの進行具合が掌握できず、植物の観察・名前調べというワークショップの大きな効果を期待することは難しくなってしまいます。

私が十文字学園女子短期大学（現在の十文字学園女子大学）の非常勤講師であったときのことです。２つのクラスが続けてコンピュータルームで、複数台のコンピュータを使って実習をしたことがありました。最初のクラスの植物は私が用意し、次のクラスの植物は学生に用意させたところ、最初のクラスの能率が非常によかったことを、はっきり覚えています。では、どうしてそういう結果になったのでしょうか。それは、私が用意した植物は「調べやすい植物」だったからです。

調べやすい植物

では、どういう植物が「調べやすい」のでしょうか。

調べやすい植物の第一の条件は入手しやすいことです。セイヨウタンポポのように比較的長い期間、広範囲に生えている植物ならば、探すのが容易で、いつでもたくさん入手できるため、参加者が後で自分で観察し直すこともできます。

その他には以下のポイントがあります（◎は調べやすい形質、△は調べにくい形質です）。

◎《単葉》

《葉の形》では、スミレ、リンドウのような《単葉》のものを選びましょう。《単葉》は形が単純であり、《葉のつき方》でも、迷うことがほとんどないからです。

△《複葉》

シロツメクサ、ヤブガラシのような《複葉》の植物は、《葉のつき方》で迷ったり、小葉を単葉と間違えたりしますので、初めてのワークショップではちょっと難しいでしょう。

◎「離弁花」

《花の形》で調べやすい形質は、ゲンノショウコ、ヘビイチゴなどの「離弁花」です。花びらが１枚１枚独立していて、観察しやすいからです。

△「合弁花」

ヒルガオ、キキョウなどの「合弁花」は、花びらが融合していて数がはっきり数えられないため、何枚とするかで迷いが生じます。これも初めてのワークショップ向きではありません。

◎《放射相称》

カタバミ、ナズナなどの《放射相称》の花は、次に述べる《左右相称》に比べて花びらの数がはっきり数えられますので、観察が容易です。

△《左右相称》

カキドオシ、クズなどの《左右相称》の花は形が複雑で、花びらの数がはっきりしないものも少なくないので、初めてのワークショップには難しいでしょう。

注意が必要な形質

《茎の切口：中空》

ハルジオン、ミツバなどのように、「もともと《中空》」のものの他に、「乾いて《中空》」になるものがあります。

これは極端な例かもしれませんが、私が研究に用いた、国立科学博物館の標本は、乾燥した状態のため「ほとんどが中空状」になっていました。大川式の形質のデータには、そういう植物には、《茎の切口》は《中空》というデータも入れておきましたが、乾燥標本にはそういう特性があることを覚えておきましょう。

《茎の切口：汁》

セイヨウタンポポ、タケニグサなどのように《汁》が出るという形質が、検索の決め手となることがしばしばあります。しかし、《汁》は、時間の経過とともに失われるのが普通です。したがって《汁》を持つ植物は、ワークショップの直前に採集しなければなりません。

《葉が匂う》

ドクダミ、ヘクソカズラのような《葉が匂う》という形質も、検索の決め手となることがしばしばあります。しかし、匂いも時間の経過とともに失われるのが普通です。したがって、匂いを持つ植物も、ワークショップの直前に採集する必要があります。

季節別・お勧め植物

春（3，4，5月）

ウメ、ハルジオン、セイヨウタンポポ、スミレ、シロツメクサ、ヘビイチゴ、カタバミ、ナズナ、カキドオシ、コオニタビラコ、ノゲシ、ノアザミなど。

夏（6，7，8月）

ヒメジョオン、ミツバ、セイヨウタンポポ、タケニグサ、シロツメクサ、ヤブガラシ、ドクダミ、ヘクソカズラ、ゲンノショウコ、ヘビイチゴ、ヒルガオ、キキョウ、カタバミ、クズ、コオニタビラコ、ノゲシ、ノアザミ、ノハラアザミ、ヨメナなど。

秋（9，10，11月）

セイヨウタンポポ、リンドウ、ヘクソカズラ、ゲンノショウコ、キキョウ、カタバミ、クズ、ノハラアザミ、ツワブキ、ヨメナなど。

冬（12，1，2月）

ウメ、ハコベ、ツワブキなど。

直前に下見をする

ワークショップを行うフィールドが指導者にとってなじみの所であって

も、実習直前に下見をして観察に用いる植物を探し、どこにどんな植物が生えているか、リストを作っておきましょう。リストは実習時に参加者に配布します。

事前学習

植物検索のワークショップを行う前に、植物全体の形質や、形質の具体的な観察方法などを解説することをお勧めします。そうすれば、数種類の植物を観察するだけでも、有意義なワークショップができます。

特に、

Ⓐ「葉の構造」における《単葉》、《複葉》の区別

Ⓑ「花の構造」における「合弁花」、「離弁花の区別」、《放射相称》、《左右相称》の花の区別を明確にすると、ワークショップの能率がよくなります。

P87 ～ 102 で例として取り上げた植物の写真や図などを用いて、説明しましょう。

キク科に注目する

キク科の植物は世界に広く分布して、約 20,000 種あり、最も大きな科です。日本にはおよそ 350 種が野生します。多くは草本です。帰化植物も多く、日本では 120 種ほどあります。

キク科の花は、P26 でも説明したように、多数の小さい花が集まってひとつの「頭《とう》花《か》」を形作っています。

「花を開いてみて、同じようなつくりのものが沢山あったら、ひとつひとつが独立した花である」ということを教えましょう。「頭花」の典型的な例がキク科なのです。

「頭花」を持つ植物には、コオニタビラコ、ノゲシのように「舌《ぜつ》状《じょう》花《か》」だけのもの、ノアザミ、ノハラアザミのように「筒《とう》状《じょう》花《か》（管状花）」だけのもの、それに、ツワブキ、ヨメナなど「舌状花と筒状花が集まるもの」の 3 タイプがあるので、これも説明しましょう。

ワークショップの進め方

教材を使わない場合

ワークショップに教材・教具を利用しない場合は、観察をしながら「これは、〔A〕という形質を持つから〔A'〕という植物」というように、個々の植物についてその場で形質を確認しながら、名前を教えます。

参加者にはスケッチなど、詳しい記録を取るように指導します。記録するポイントは観察した特徴がどの形質に当てはまるのかということです。判断に迷ったのなら、迷った点を具体的に記録することが大切です。

教材を使う場合

教材・教具を用いる場合は、それらの使い方を教室、校庭などの身近な場所で練習してから指導者と共にフィールドに出ます。

学校の場合は放課後に植物検索カードを貸し出したり、コンピュータルームでの参加者の活動を認めるのもよいでしょう。クラブ活動などで、植物図鑑を使ったり、先輩に教わったりしながら名前を覚える方法もあります。その場合は、結果を報告させ、その報告をに基づいて指導します。

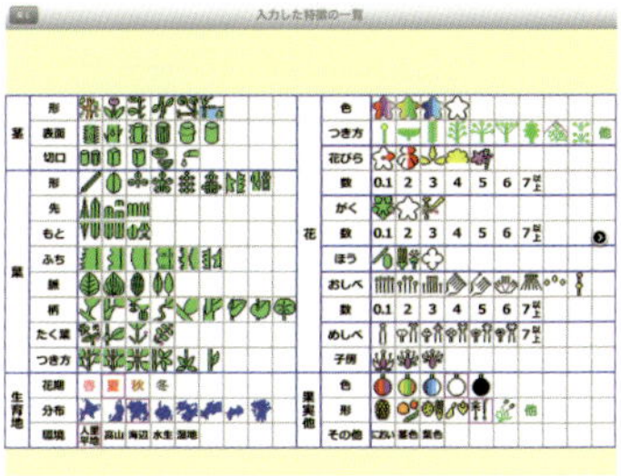

また、大川式検索法をベースに作られた『すみれ』(東京書籍)というアプリもあります(上図)。iPad 版と Windows 版などがあり、全国でよく見られる 580 種の植物が検索でき、中学校理科 2 分野「植物の生活と種類・植物の仲間」に対応しています。

観察植物の採取

観察用の植物は、予め見当をつけておき、ワークショップ当日に採集しましょう。

採集方法としては、地上部全体の形がわかるように採集し、根は地中に残します。根があれば採取した植物はまた生えて来るからです。植物だって生き物ですから、大切にしてあげたいで

観察植物の特徴一覧表

茎の形	木	アカマツ、イチョウ、イロハモミジ、ウツギ、キンモクセイ、クコ、クルメツツジ、ジンチョウゲ、ソメイヨシノ、ツバキ、ノイバラ、ハギ、ムクゲ、ヤツデ
	草	イノコズチ、オオイヌノフグリ、オオバコ、カタバミ、カヤツリグサ、クズ、ススキ、セイヨウタンポポ、タチツボスミレ、ツユクサ、ドクダミ、ナデシコ、ヒメジョオン、ヒルガオ、ヘビイチゴ、ホトケノザ
茎の切口	中空	ススキ、セイヨウタンポポ、（ハルジオン）、ホトケノザ、ウツギ
	汁	セイヨウタンポポ、ヒルガオ
葉の形	単葉	イノコズチ、オオイヌノフグリ、オオバコ、カヤツリグサ、ススキ、セイヨウタンポポ、タチツボスミレ、ツユクサ、ドクダミ、ナデシコ、ヒメジョオン、ヒルガオ、ホトケノザ、アカマツ、イチョウ、イロハモミジ、ウツギ、キンモクセイ、クコ、クルメツツジ、ジンチョウゲ、ソメイヨシノ、ツバキ、ムクゲ、ヤツデ
	複葉	カタバミ、クズ、ヘビイチゴ、ノイバラ、ハギ
葉の匂う	葉が匂う	カヤツリグサ、ドクダミ、アカマツ
花の形	離弁花	イノコズチ、カタバミ、クズ、タチツボスミレ、ドクダミ、ナデシコ、ヘビイチゴ、イロハモミジ、ウツギ、ジンチョウゲ、ソメイヨシノ、ツバキ、ノイバラ、ハギ、ムクゲ、ヤツデ
	合弁花	オオイヌノフグリ、オオバコ、セイヨウタンポポ、ヒメジョオン、ヒルガオ、ホトケノザ、キンモクセイ、クコ、クルメツツジ
	放射相称	イノコズチ、オオバコ、カタバミ、ドクダミ、ナデシコ、ヒメジョオン、ヒルガオ、ヘビイチゴ、イロハモミジ、ウツギ、キンモクセイ、クコ、クルメツツジ、ジンチョウゲ、ソメイヨシノ、ツバキ、ノイバラ、ムクゲ、ヤツデ
	左右相称	オオイヌノフグリ、クズ、セイヨウタンポポ、タチツボスミレ、ツユクサ、ホトケノザ、ヒメジョオン、クルメツツジ、ハギ
	キク科：舌状花のみ	セイヨウタンポポ（コオニタビラコ、ノゲシ）
	キク科：筒状花のみ	（ノアザミ、ノハラアザミ）
	キク科：舌・筒状花	ヒメジョオン（ツワブキ、ヨメナ）
花期	春：3・4・5月	オオイヌノフグリ、オオバコ、カタバミ、セイヨウタンポポ、タチツボスミレ、ヘビイチゴ、ホトケノザ、アカマツ、イチョウ、イロハモミジ、ウツギ、クルメツツジ、ジンチョウゲ、ソメイヨシノ、ツバキ、ノイバラ
	夏：6・7・8月	イノコズチ、オオイヌノフグリ、オオバコ、カタバミ、カヤツリグサ、セイヨウタンポポ、ツユクサ、ドクダミ、ヒメジョオン、ヒルガオ、ヘビイチゴ、クコ、ノイバラ、ハギ、ムクゲ
	秋：9・10・11月	イノコズチ、オオバコ、カタバミ、ススキ、セイヨウタンポポ、ナデシコ、ヒメジョオン、キンモクセイ、クコ、ハギ、ムクゲ、ヤツデ
	冬：12・1・2月	オオイヌノフグリ、ジンチョウゲ、ツバキ、ヤツデ

（　）内は本書に掲載していない植物

すよね。

　また、室内に泥を持ち込まずにすみます。

必要なもの

　植物観察・検索のワークショップにおいて植物、教材や教具のほかに準備するものは、

①ワークショップの内容、進め方に関する詳しい資料。

②ワークショップの内容を記録するレポート用紙。

③ワークショップについてのアンケート用紙。

これらは、授業内容に合わせて作成してください。

④植物図鑑。

⑤花の構造など細かい観察をする場合やツメクサなど小さな植物を観察する場合などは、ルーペ、ピンセットなど。

指導上の注意

　参加者は植物１種類に対しても、実に多様な取り組みをするので、指導者は対応に追われることになります。

　対策として、左ページの「観察植物の特徴一覧表」のように、どういう特徴に注目するかを示した表をワークショップの資料に掲載しておくとよいでしょう。

　さらに指導者は「観察する各植物がどの形質を持つか」についてすぐにわかるように、P87～108の「全国でよく見られる植物」にあるような形質表を持っているとよいでしょう。

１回目の流れ

①植物検索カード、コンピュータなど、検索教材、教具を割り当てます。

②検索する植物や資料、レポート用紙、アンケート用紙を配布します。

③指導者が指示して、植物の２～３の特徴を確認しながら観察します。

④その後は、参加者各自、自由に観察と形質選びを行います。

⑤検索の結果、しぼられた植物名がひ

都立鷺宮高校で行ったコンピュータを用いた教室実習（昭和58年）

ワークショップの流れ

準備

❶ワークショップをどこで行うか決める。

❷検索カードやコンピュータを使うか、または本書を使うか、
教材・教具を決める。

❸観察する植物を決める。

❹観察する植物を探す。
ワークショップに使うフィールドの
下調べをする。

❺資料を作る。

植物を決めて
下調べを
しましょう

ワークショップ

❻教室を使う場合は、観察植物を採取する。
フィールドの場合は観察植物に印をつける。

❼参加者をグループに分け、教材・教具を割り当てる。

❽事前学習をする。

❾教室、またはフィールドに出て
観察・検索をし、指導する。

❿図鑑で結果を確かめ、
レポート、アンケートに記入し回収する。

⓫ワークショップの評価をする。

アンケートをとって
よりよい実習のために
評価をしましょう

とつの場合でも、複数の場合でも、植物図鑑で確認します。その場で指導者の確認が得られれば、いっそう望ましいです。

⑥レポート用紙、アンケート用紙を仕上げます。

⑦レポート用紙、アンケート用紙を回収します。

⑧植物を回収します。

⑨清掃を行います。

⑩指導者は、時間があったら、その時間内に、「植物の特徴を正しく観察することができたか」、「植物を正しく検索することができたか」という２点について評価します。

２回目以降の流れ

①２回目は、指導者が用意した１回目に用いた植物の中から、数種類について自由にワークショップを行います。

②３回目は参加者各自が用意した植物についてワークショップを行います。この場合は１回目に観察した植物以外のものが含まれるので、指導者はその対策を考える必要があります。

③１回目の植物以外を観察した結果については、「形質が正確に観察され、選ばれていればよし」とします。

服装の注意

私は植物調べを目的として、川原や低山などをよく歩きました。歩くときは、肌を出さないように注意しました。折角長袖、長ズボン、帽子、手袋という服装で家を出ても、「現地で露出」では意味がありません。 虫や木の枝などがいつ障害物として働くかわからないからです。また、ハチは黒い色を襲う習生がありますので、黒い衣類は避けた方が安心です。

かつて、多摩川のほとりをひとりで歩いていたとき、茂みの中に「マムシに注意！」と言う警告板が立っているのが目につきました。鮮やかな記憶です！　勿論その場からすぐ離れましたが、「自然界には危険がいっぱい」と

都立鷺宮高校・高尾山での野外実習（昭和 58 年）

いうことを改めて感じた経験でした。

リスク管理

フィールドで観察をする場合は、万が一に備えて、消毒用アルコール、傷薬、包帯、絆創膏などの入ったファーストエイド・キット（救急箱）を用意しましょう。登山店やアウトドアショップにはファーストエイド用のポーチが売られていますので、それを利用するとよいでしょう。

食品タッパーなどを使って自作してもかまいませんが、売られている商品は「誰が見てもファーストエイドキットだとわかる」デザインがされているのが利点です。

夏の野外では熱中症対策として、活動は早朝、夕方などとし、暑い真昼は避けます。そして、飲料水を参加者各自に用意させましょう。

観察をしている時間は、指導者の目に届かない時間がどうしてもできます。参加者も観察に無中になって、危険に気づかなかったり、誰かが事故に遭っていることに気がつかないことも考えられます。

参加者は３人１組などのグループを作り、お互いに安全を確認するようにしましょう。単独行動は禁止です。特に、山では登山道を外れないように、徹底しましょう。

水辺の近くでは、決して水に入らないように指導しましょう。水際は滑りやすいので、事前に参加者への注意が必要です。川の近くでは参加者の下流側に必ず見張る人を置きましょう。もしも、人や物が流されたときには、追うより、下流で待ち構える方が効率的だからです。

人の通る場所では通行人に注意しましょう。公園などでも思わぬところを自転車やスポーツをする人が通ることもあります。お互いに気がつかないで衝突することのないよう、注意が必要です。

フィールドに出るときは、障害物や直射日光を避けるために、こんな服装を心がけます

付録

ダウンロードデータの案内

大川式植物検索カードの作り方

ダウンロードデータのご案内

データの種類

❶大川式植物検索用データベース
(ohkawa-2172DAT.txt)
日本の植物 2,172 種の形質データ

❷大川式形質・科名一覧
(ohkawa-data.pdf)
科名リスト、植物形質一覧（166 形質）

❸大川式形質観察手帳
(okawa-note.pdf)

❹大川式植物検索カード《校庭 100 種》
(okawa-cardA_100.pdf)

❺大川式植物検索カード《本書 31 種》
(okawa-cardB_31.pdf)

①「大川式植物検索用データベース」は種子植物 2,172 種について大川式の 166 形質を調べたデータベースです。(平成 16 年 8 月 31 日現在)

②「大川式形質・科名一覧」には植物検索用データベースに用いた 166 形質の一覧と科名リストが入っています。植物検索用データベースを利用する際に参照してください。

③植物観察する際に便利な記録用紙。

④「大川式植物検索カード《校庭 100 種》」は実際に実習に使ったカードを作るデータです。都立小山台高等学校の校庭での実習に選んだ植物 100 種が検索できるものです。作成にはカラープリンターと厚紙、穴開けポンチまたは 2 つ穴パンチ、ハンマー、リングが必要です。

⑤「大川式植物検索カード《本書 31 種》」は本書に紹介した全国でよく見られる 30 種の植物と P28 のナズナを検索できるカードのデータです。2 つ穴パンチを使って作る簡易版です。

ダウンロードの方法

インターネットで恒星社厚生閣のホームページにアクセスして**「植物の特徴を見分ける本」**のページをご覧ください。ダウンロードデータのコーナーがあります。

ホームページは「**恒星社厚生閣**」で検索、または下記アドレスへ

http://www.kouseisha.com/

利用条件

ここでダウンロードできるデータには著作権があります。教育目的での利用は自由です。ただし、商業目的で利用する場合には許可が必要です。詳しくは出版社に問い合わせてください。

❶大川式植物検索用データベース

1 アイ (タデアイ)
1002 1104 1201 3001 3002 3101 3102 3201 3303 3401 3501 3502 3602 3701 4001 5001 5103 5104 5108 5110 5201 5203 5204 5301 5305 5402 5501 5505 5701 5806 5807 5903 6001 7002 7005 7107 8002 8201 8302 9092

2 アイアシ
1002 1104 1201 1204 3001 3101 3201 3202 3303 3403 3505 3506 3701 4003 5001 5002 5103 5104 5105 5106 5110 5301 5501 5701 5803 5807 5902 5907 6001 7001 7002 7107 8002 8003 8101 8102 8103 8104 8105 8106 8107 8108 8201 8203 8301 9020

❷大川式形質科名一覧

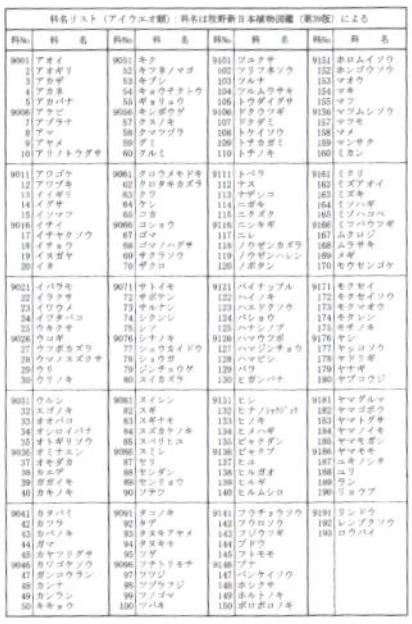

植物形質一覧
(166形質)

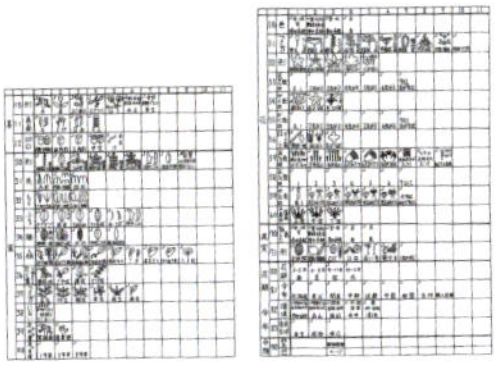

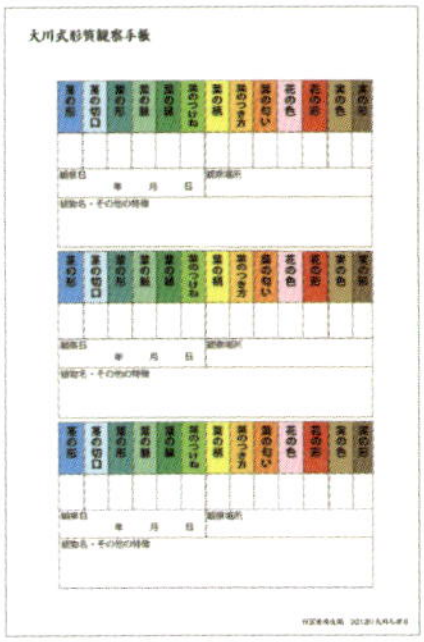
大川式形質観察手帳

❸大川式形質観察手帳

❹大川式植物検索カード《校庭 100 種》
❺大川式植物検索カード《本書 31 種》

100種のカードは「穴開けポンチ」が必要です
3ミリφ
31種のカードは「2つ穴パンチ」を使って作ります
厚紙にカードをプリントして、穴を開けて、リングでとじて完成です
リング

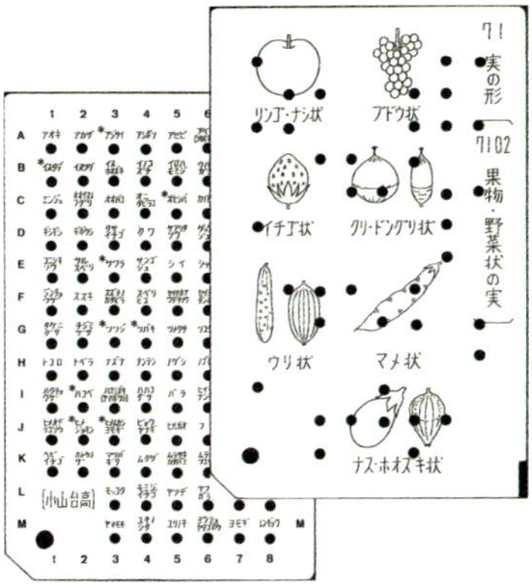
71 実の形
7102 果物・野菜状の実
リンゴ・ナシ状
ブドウ状
イチゴ状
クリ・ドングリ状
ウリ状
マメ状
ナス・ホオズキ状
小山台高

＊《校庭 100 種》のカードには本書で解説していない《花期》のカード 4 枚が含まれます

大川式検索カードの作り方

大川式検索カード《校庭 100 種》

用意するモノ

①インターネットに繋がる
　コンピュータ
②カラープリンター
③画用紙など A4 サイズの厚紙
④穴開けポンチ（3 ミリφ）
⑤ハンマーまたは木槌
⑥カッター
⑦リング
⑧補強シール＊
⑨パウチ＊

＊なくても可

1 http://www.kouseisha.com にアクセスして『大川式植物検索カード《校庭 100 種》』のＰＤＦをダウンロードします

2 ＰＤＦをカラープリンターでハガキほどの厚みの A4 紙にプリントします

3 1 枚の紙には 4 枚のカードがレイアウトされています。それぞれ外枠の線にそってカッターでカットします。
＊プリントは必ず 100%（原寸）で行ってください

4 リングで束ねて使用するため、邪魔にならないよう左下角は丸く、又は斜めにカットします。穴の強度を高めるには、ルーズリーフの穴などに用いる補強シールを貼っておくとよいでしょう

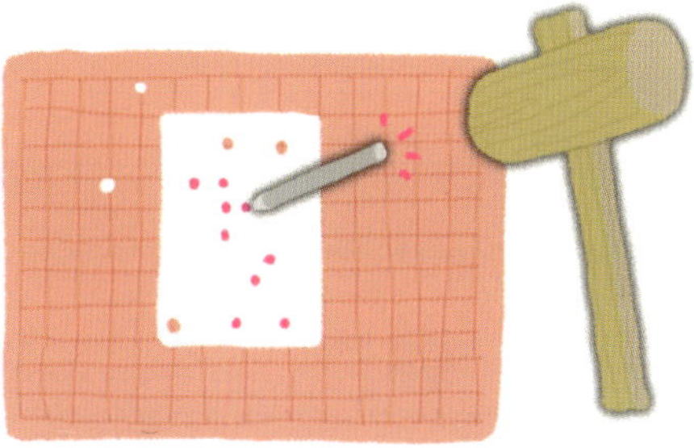

5 カードにはピンクの●が打ってあります。この●を穴開けポンチで開けます。穴開けポンチは皮製品を扱う店などで手に入れることができます。カッターマットなどを敷いた上にカードを置き、ハンマーや木槌で叩いて穴を開けます

6 最初に「植物名のカード」を開け、「形質カード」を開けたら、「植物名のカード」を重ねて正しく開いているか確認します。間違った場所に穴を開けてしまったら、白いラベルシールなどで穴をふさぎます

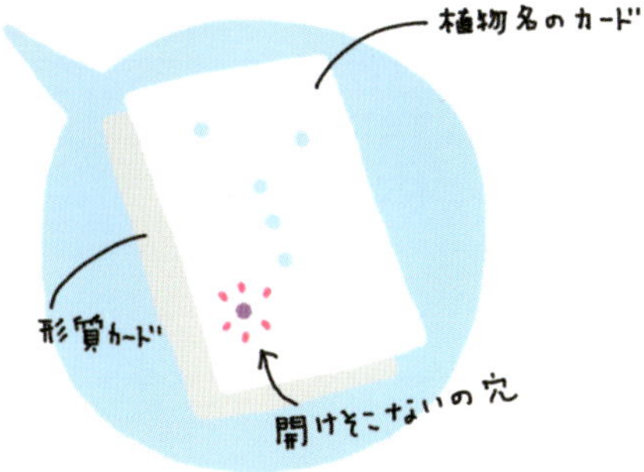

7 最後に、左下角の穴にリングを通して束ねて完成です。リングは文具店で手に入れることができます。表紙と裏表紙は多少濡れても大丈夫なように、パウチをしたり、透明のカッティングシートを貼ると丈夫になります

大川式検索カード《全国31種》

用意するモノ

①インターネットに繋がるコンピュータ
②カラープリンター
③画用紙などA4の厚紙
④2つ穴パンチ
⑤カッター
⑥リング
⑧補強シール＊
⑨パウチ＊

＊なくても可

1 http://www.kouseisha.com にアクセスして『大川式植物検索カード《全国31種》』のＰＤＦをダウンロードします

2 ＰＤＦをカラープリンターでハガキほどの厚みのA4紙にプリントします

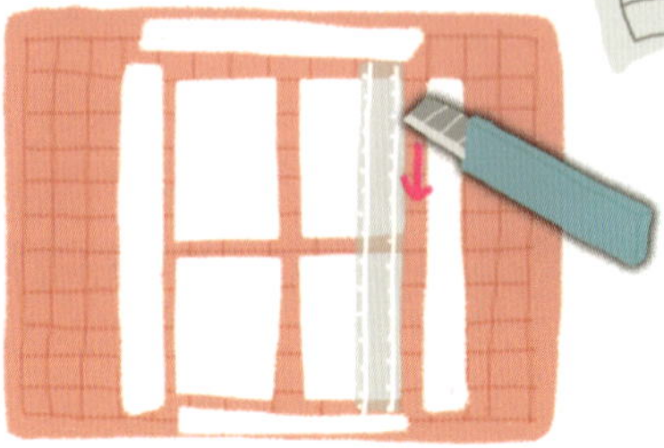

3 1枚の紙には4枚のカードがレイアウトされています。それぞれ外枠の線にそってカッターでカットします。
＊プリントは必ず100%（原寸）で行ってください

4 リングで束ねて使用するため、邪魔にならないよう左下角は丸く、又は斜めにカットします。穴の強度を高めるには、ルーズリーフの穴などに用いる補強シールを貼っておくとよいでしょう

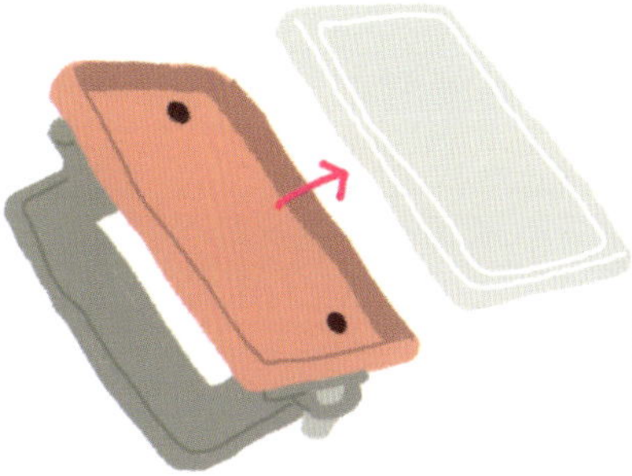

5 2つ穴パンチを逆さまにして、裏ブタを外します

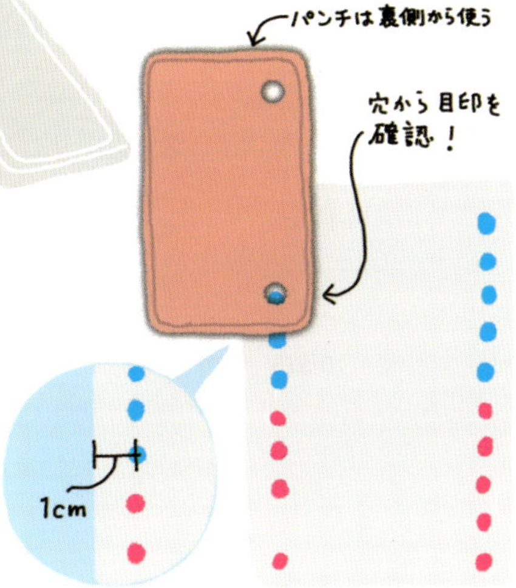
パンチは裏側から使う
穴から目印を確認！
1cm

6 パンチの穴を通して、カードの●に合わせ、穴を開けていきます

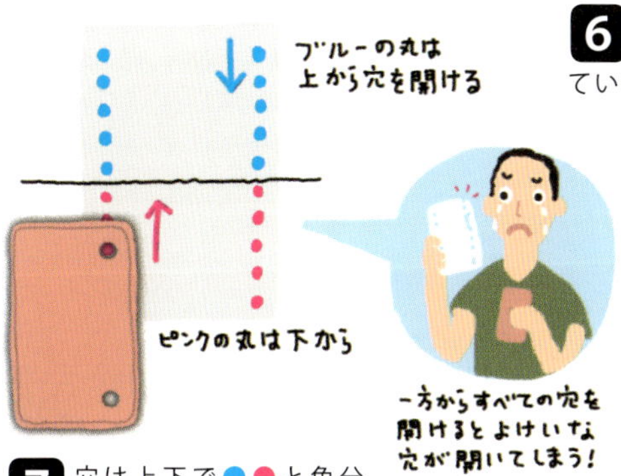
ブルーの丸は上から穴を開ける
ピンクの丸は下から
一方からすべての穴を開けるとよけいな穴が開いてしまう！

7 穴は上下で●●と色分けしてあります。●は上からパンチをスライドさせて開け、●は下から開けていきます。カードの半分以上パンチを使うと、パンチの反対側の刃で不要な穴を開けてしまうので、注意しましょう。間違った場所に穴を開けてしまったら、白いラベルシールなどで穴をふさぎます

全国でよく見られる植物31種
リング

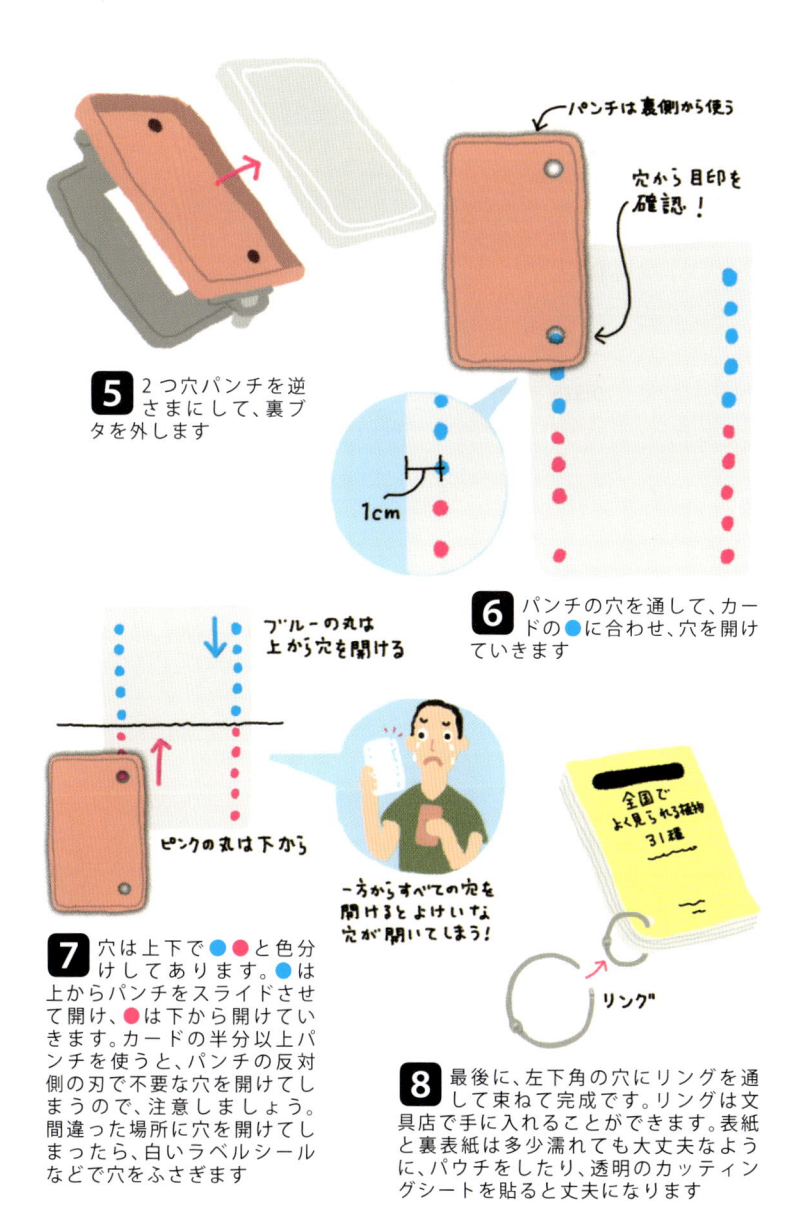

8 最後に、左下角の穴にリングを通して束ねて完成です。リングは文具店で手に入れることができます。表紙と裏表紙は多少濡れても大丈夫なように、パウチをしたり、透明のカッティングシートを貼ると丈夫になります

著　者　プ　ロ　フ　ィ　ー　ル

大川ち津る（おおかわ・ちづる）

大正 14 年、長野県上伊那郡（現、駒ヶ根市）生まれ。生後間もなく東京へ転居。

昭和 22 年、東京女子高等師範学校を卒業。都立鷺宮高校理科（生物）の教諭となる。

昭和 55 年、東京都教員研究生として、国立科学博物館で「大川式検索法」の研究を始める。

以来、都立・国立教育研究所主催の植物検索研修会、文部省（当時）主催の情報教育指導者講座、大学主催の公開講座、その他多くの民間団体主催の情報研修会の講師を務める。

平成 14 年より (財) 科学教育研究会嘱託。

平成 17 年、学位論文「種子植物の検索教材の開発」により東京学芸大学から博士号を 79 歳で取得する。

平成 19 年、日本生物教育学会第 82 回全国大会で 2006 年度の学会賞の功績賞を受賞。

大川式植物検索入門

植物《しょくぶつ》の特徴《とくちょう》を見《み》分《わ》ける本《ほん》

大川　ち津る　著

2013 年 8 月 10 日　初版 1 刷発行

発行者　片岡　一成
印刷・製本　株式会社シナノ
編集企画デザイン　善養寺　ススム
発行所　株式会社恒星社厚生閣
〒 160-0008　東京都新宿区三栄町 8
TEL 03（3359）7371（代）
FAX 03（3359）7374
http://www.kouseisha.com/

ISBN978-4-7699-1455-6 C0645

（定価はカバーに表示）